建筑钢结构焊接工艺学

浙 江 树 人 学 院
浙江大地钢结构有限公司　编
姚 谏　裴传飞　方顺生　金小群　主 编
张海燕　王法要　李佳敏　田云雨　副主编

ZHEJIANG UNIVERSITY PRESS
浙江大学出版社
·杭州·

图书在版编目(CIP)数据

建筑钢结构焊接工艺学 / 姚谦等主编. —杭州：
浙江大学出版社，2022.12
ISBN 978-7-308-23344-6

Ⅰ.①建… Ⅱ.①姚… Ⅲ.①建筑结构－钢结构－焊
接工艺－教材 Ⅳ.①TG457.11

中国版本图书馆 CIP 数据核字(2022)第 232466 号

全书共分 14 章，包括绪论、建筑钢结构用钢材、焊接材料基本知识、焊接电弧、手工电弧焊、气体保护焊、埋弧焊、电渣焊、等离子弧焊接、焊钉焊、焊接残余应力与残余变形、焊接缺陷及焊接质量检验、焊缝符号和焊接安全技术。每章末附有复习思考题。全书按我国最新发布的国家标准编写，着重介绍基本知识、基本理论和工程实践经验，理论和实际并重。

本书供高等院校、高职院校培养钢结构高级应用型人才用作"建筑钢结构焊接工艺学"课程的教材，也可供相关工程技术人员参考阅读。

建筑钢结构焊接工艺学
JIANZHU GANGJIEGOU HANJIE GONGYIXUE
主　编　姚　谦　裴传飞　方顺生　金小群

责任编辑	王　波
责任校对	吴昌雷
封面设计	雷建军
出版发行	浙江大学出版社
	（杭州市天目山路 148 号　邮政编码 310007）
	（网址：http://www.zjupress.com）
排　　版	浙江时代出版服务有限公司
印　　刷	杭州高腾印务有限公司
开　　本	787mm×1092mm　1/16
印　　张	12.75
字　　数	310 千
版 印 次	2022 年 12 月第 1 版　2022 年 12 月第 1 次印刷
书　　号	ISBN 978-7-308-23344-6
定　　价	39.00 元

前言
FOREWORD

自 2006 年建设部发布《绿色建筑评价标准》(GB 50378—2006),特别是 2013 年国务院颁布 1 号令《绿色建筑行动方案》以来,钢结构的应用日趋广泛。近年来,随着国家大力推广装配式建筑,将智能建造引入钢结构生产领域,钢结构的应用更广、发展更快,但相关的专业技术人员(包括钢结构的设计、制造、安装等方面)严重匮乏。因此,从 2008 年开始先后有高校在土木工程专业中开设钢结构方向专业,为社会培养急需的钢结构高级应用型人才。

教材是体现教学内容和教学要求的载体,在人才培养中起着非常重要的作用,而用于钢结构方向应用型人才培养的教材几乎是零。基于此,浙江树人学院钢结构行业学院自 2009 年开始组织学校骨干教师、企业高级技术人员合作编写培养钢结构高级应用型人才的系列讲义。其中,《建筑钢结构制作工艺学》被列为浙江省"十一五"重点建设教材项目,并于 2011 年由中国建筑工业出版社正式出版。

《建筑钢结构焊接工艺学》是培养钢结构高级应用型人才系列教材中的第二本。在编写中力求体现以下几个特点:(1)科学性——教材建设遵循教育的教学规律,教材撰写注重理论联系实际,内容选取、结构安排体现职业性和实践性的特色;(2)实用性——与实际工程相结合,着重介绍目前钢结构常用的焊接方法和流程,使读者能迅速掌握要领,尽快上岗并发挥作用;(3)创新性——教材体现新规范、新技术、新工艺、新流程,突出了焊接技术的应用。书中嵌入二维码,读者用手机一扫即可直观了解各种常用焊接方法的实际操作过程,实现了资源与教材的融合。

本书内容主要包括建筑钢结构用钢材和焊接材料、常用焊接方法、焊接过程中常见缺陷的形成原因及防止措施等,共分 14 章。第 1 章"绪论",介绍焊接技术的发展历史、焊接技术的定义和分类、焊接技术的应用领域及发展前景。第 2 章"建筑钢结构用钢材",主要讲述建筑钢结构所用钢材的力学与工艺性能、影响钢材性能的主要因素(包括化学成分、生产过程、热处理、冷加工等),以及建筑钢结构所用钢材的最新国家标准;特别介绍了我国《钢结构设计标准》(GB 50017—2017)中尚未列入推荐的一套钢材国家标准《结构钢》(GB/T 34560.1~6—2017),这套钢材国家标准是为推进与国际标准接轨而发布的,与《钢结构设计标准》(GB 50017—2017)中推荐的我国其他钢材标准暂时并存,最终将取而代之,完成与国际标准接轨。第 3 章"焊接材料基本知识",依据现行国家标准介绍建筑钢结构常用的焊接材料(焊条、焊剂、焊丝),以及常用钢材的焊接材料选用原则。第 4 章"焊接电弧",主要介绍焊接电弧的概念、组成、产生过程、极性和偏吹等基本知识,以及电弧焊的熔滴过渡。第 5 章至第 10 章分别是"焊条电弧焊""气体保护焊""埋弧焊""电渣焊""等离子弧焊接""焊钉焊",是建筑钢结构中最常用的熔化焊焊接方法；主要讲述各种焊接方法的工作原理和特点、焊接材料、焊接工艺及焊接设备等。第 11 章"焊接残余应力与残余变形"，主要介绍焊接残余应力和残余变形的产生原因、残余应力的分布规律、其对结构产生的影响及为减少残余应力和残余变形的工艺措施与设计时的注意点。第 12 章"焊接缺陷及焊接质量检验"，介绍了焊接接头常见缺陷的分析、焊缝缺陷的形成及防止、焊接缺陷的返修以及焊接质量检验。第 13 章"焊缝符号和焊接接头标记"，简介建筑钢结构常用的焊缝符号及标注方法，以及工程应用实例。第 14 章"焊接安全技术"，主要介绍焊接安全工作的一般要求、预防触电的安全技术、预防电弧光和烫伤伤害的措施，以及防止火灾、爆炸、中毒等伤害的规定。

本书中的力学性能符号沿用工程习惯并与《钢结构设计标准》(GB 50017—2017)一致，即对屈服强度(屈服点)、抗拉强度、断后伸长率和冲击韧性指标分别用 f_y、f_u、δ 和 A_{kv} 表示。

本书讲述的是有关建筑钢结构焊接的基本知识，可用作高等院校、高职院校培养钢结构应用型人才的教材，也可供工程技术人员参考。

本书第 1 章由浙江大地钢结构有限公司王法要、李佳敏编写，第 2 章、第 11 章和附录由浙江大学、浙江树人学院钢结构行业学院姚谦编写，第 3 章由浙江大地钢结构有限公司方顺生、田云雨编写，第 4 章、第 6～10 章由浙江大地钢结构有限公司张海燕编写，第 5 章由浙江大地钢结构有限公司裴传飞编写，第 12 章、第 13 章第 13.2 节、第 14 章由浙江大地钢结构有限公司王法要编写，第 13 章第 13.1 节由浙江树人学院金小群编写；视频材料由浙江树人学院金晖制作。全书由姚谦通稿。

本书在编写过程中，得到了浙江大地钢结构有限公司、浙江树人学院钢结构行业学院的大力支持和帮助，编写中参考了同行专家的著作和文献，在此一并表示衷心的感谢！

由于编者水平有限，书中难免存在不足之处，敬请读者批评指正。

编者
2022 年 5 月

目 录

CONTENTS

第1章 绪论

随着我国经济快速发展,焊接技术在各个领域得到广泛应用,包括航天、电子和建筑领域等,尤其在建筑钢结构中的应用最为普遍和深入,其优越性已经使其成为国民经济的一种重要支柱技术。

一、焊接技术的发展历史[1]

焊接技术的发展可以追溯到几千年前。据考证,在所有的焊接技术中,人类最早使用的技术是钎焊和锻焊。早在公元前 3000 年,古埃及人就已经知道用银铜钎料钎焊管子,在公元前 2000 年前,就知道用金钎料连接护符盒。我国在公元前 5 世纪的战国时期就已经知道使用锡铅合金作为钎料焊接铜器。明代科学家宋应星在其所著的《开工天物》一书中,对钎焊和锻焊技术做了详细的介绍。

从 19 世纪 80 年代开始,随着近代工业的兴起,焊接技术进入了飞速发展时期。新的焊接技术伴随着新的焊接热源的出现竞相问世。19 世纪初(公元 1801 年),人们发现了碳弧,于是在 1885 年出现了碳弧焊,这被看成是电弧被作为焊接热源应用的开始;1886 年,人们将电阻热应用于焊接,于是出现了电阻焊;1892 年人们发现了金属极电弧,随之出现了金属极电弧焊;1895 年,人们发现利用乙炔气体和氧气进行化学反应所产生的热可以作为焊接热源,于是在 1901 年出现了氧乙炔气焊;20 世纪 30 年代左右,人们相继发明了金属极焊条电弧焊以及埋弧焊,与此同时,电阻焊开始广泛应用于机械制造业,成为一种基础加工工艺。

从 20 世纪 50 年代开始,现代工业和科学技术迅猛发展,焊接技术也得到了更快的发展。1951 年出现了电渣焊,1953 年出现了二氧化碳气体保护焊,1956 年相继出现了超声波焊和电子束焊,1957 年出现了摩擦焊和等离子弧焊,1965 年和 1970 年又相继出现了脉冲激光焊和连续激光焊。20 世纪 80 年代以后,人们又开始对更新的焊接热源如太阳能、微波等进行积极的探索。焊接技术发展到今天,可以说几乎利用了一切可以利用的现有的热源,但是,至今人们对焊接热源的研究和开发仍未停止。可以预料,在 21 世纪,随着现代工业的发展和科学的进步,焊接方法将有更新的发展。

除了焊接技术的种类不断增多外,各种焊接技术的机械化、自动化水平也在不断提高。电子技术、传感技术、计算机技术、自适应控制技术以及信息和软件技术相继被引入焊接领域,使得焊接生产自动化程度日新月异,目前正在向焊接过程智能化控制的方向发展,例如机器人焊接。

二、焊接技术的定义与分类

焊接是一种不可拆的连接方法,它是工件在加热或加压作用下,或者在加热与加压共同作用下,并且用或者不用填充材料,使工件达到原子间的结合而形成永久性连接的工艺过程。

根据焊接的定义,通常将焊接方法分为熔化焊、压力焊和钎焊三大类。

(1)熔化焊。熔化焊是在不施加压力的情况下,将母材加热熔化形成焊缝的焊接方法。常见的熔化焊焊接方法包括焊条电弧焊、埋弧焊、气体保护焊、电渣焊、电弧螺柱焊等。

(2)压力焊。压力焊是在焊接过程中施加压力的情况下形成焊缝的焊接方法。常见的压力焊焊接方法包括电阻焊、摩擦焊、超声波焊等。

(3)钎焊。钎焊是采用比母材熔点低的金属材料作钎料,将焊件和钎料加热到高于钎料熔点、低于母材熔点的温度,利用液态钎料润湿母材,填充接头间隙并与母材相互扩散实现连接焊件的方法。常见的钎焊焊接方法包括电阻钎焊、火焰钎焊等。

三、焊接技术的应用领域及发展前景

焊接是一种不可拆的连接方法,具有焊接接头强度高、密封性好、结构形式灵活等优点,所以在建筑、船舶、管道、核工业、轨道车辆、桥梁工程、航空航天等领域得到了广泛应用。

未来的焊接工艺,一方面要研制新的焊接方法、焊接设备和焊接材料,以进一步提高焊接质量和安全可靠性,如改进现有电弧、等离子弧、电子束、激光等焊接能源;运用电子技术和控制技术,改善电弧的工艺性能,研制可靠轻巧的电弧跟踪方法。另一方面要提高焊接机械化和自动化水平,如焊机实现程序控制、数字控制;研制从准备工序、焊接到质量监控全部过程自动化的专用焊机;在自动焊接生产线上,推广、扩大数控的焊接机械手和焊接机器人,可以提高焊接生产水平,改善焊接卫生安全条件。

在我国制造业的发展过程中,钢材仍然是占据主导地位的结构材料,是经济和社会发展的物质基础。在“十四五”规划推动下,持续推进产教融合,强化修订行业标准,使焊接新工艺、新材料、新设备不断涌现,提高了焊接质量,为焊接技术的广泛应用起到了至关重要的作用。

参考资料

[1] 王宗杰. 熔焊方法及设备[M]. 北京:机械工业出版社,2015.

第2章 建筑钢结构用钢材

本章主要介绍建筑钢结构的构件和节点所用钢材及其性能,连接用的各种材料则在后续各相关章节中介绍。

2.1 钢材的力学性能和可焊性

一、力学性能

钢结构所用钢材的力学性能(或称为机械性能)应由下列试验得到,试件的制作和试验方法等都必须按照各个试验有关的国家标准规定进行。

1. 拉伸试验[①]

拉伸试验是试件在常温下受到一次单向均匀拉伸,在拉力试验机或万能试验机上进行,由零开始缓慢加载直到试件被拉断。由试验读数可绘制应力-应变曲线(σ-ε 曲线),如图 2.1(a)所示。当荷载加到图中直线段 OA 的终点 A 时,A 点以下的 σ 与 ε 成比例,符合胡克定律,A 点的应力称为比例极限,记作 f_p。A 点以后曲线开始偏离直线,当到达图中的 B 点时,荷载不增加而变形持续加大,即发生了塑性流动,此时 σ-ε 曲线接近一水平线,B 点的应力称为屈服点,记作 f_y[②]。当到达图中 C 点时,曲线继续上升,即在增加应力 σ 情况下应变 ε 继续加大,但其斜率则逐渐减小。当到达图中 D 点时,试件发生颈缩现象如图 2.2(b)所示,σ-ε 曲线开始下降,直到图 2.1(a)中的 E 点时,试件被拉断。D 点的应力称为抗拉强度或强度极限,记作 f_u。

在 σ-ε 曲线的 A 点以上附近,还有一点称为弹性极限。当应力在弹性极限以下时如果卸去荷载,则应变将恢复为零。由于弹性极限与比例极限极为相近,且试验时弹性极限不易准确求得,因而常把比例极限看作是弹性极限。这样,比例极限以下即图 2.1(a)所示的阶段 1 称为弹性变形阶段。过了比例极限,如果卸去荷载,应变不能恢复为零,产生残余应变。AB 间的曲线称为弹塑性变形阶段,其中的弹性变形在卸载后恢复为零,而塑性变形则不能恢复,成为残余应变,见图 2.1(a)中的阶段 2。过了屈服点后,曲线发生抖动,如图 2.1(b)

[①] 《金属材料 拉伸试验—第1部分:室温试验》(GB/T 228.1—2010)。

[②] GB/T 700—2006、GB/T 1591—2018、GB/T 19879—2015、GB/T 34560—2017 等我国钢材标准中,屈服强度(屈服点)、抗拉强度和断后伸长率分别用符号 R_{eH}(或 R_{eL})、R_m 和 A 表示,本书沿用工程习惯并与《钢结构设计标准》(GB 50017—2017)一致,仍分别用 f_y、f_u 和 δ 表示。

所示,抖动区的高点称为上屈服点、低点称为下屈服点。常把抖动区的曲线看作一水平线段。图 2.1(a)中的 BC 段称为塑性变形阶段,CD 段称为应变硬化阶段。到了曲线上的 D 点,应变硬化结束,试件开始发生颈缩,DE 段称为颈缩阶段。

由于一般结构钢在比例极限处的应变 ε_p 约为 0.1%,开始屈服时的应变 ε_y 约为 0.15%,而开始应变硬化时的应变 ε_{st} 约为 2.5%,ε_{st} 是 ε_y 的 17 倍,因而可把钢材应变硬化阶段以前的 σ-ε 曲线简化,如图 2.1(c)所示,简化曲线由两段直线组成。这样就相当于把钢材看作理想的弹塑性体,在屈服点前为弹性体,在到达屈服点后立即转为理想的塑性体。这样的简化在做理论推导时或说明构件的工作性能时经常采用。$\varepsilon_{st}/\varepsilon_y$ 的比值称为延性系数,用以表示钢材延性的大小,其值随不同钢材而变,约为 $10\sim25$。

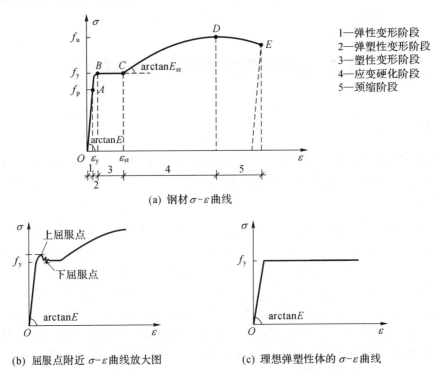

1—弹性变形阶段
2—弹塑性变形阶段
3—塑性变形阶段
4—应变硬化阶段
5—颈缩阶段

(a) 钢材 σ-ε 曲线

(b) 屈服点附近 σ-ε 曲线放大图   (c) 理想弹塑性体的 σ-ε 曲线

图 2.1 钢材拉伸试验所得 σ-ε 曲线(未按比例画出)

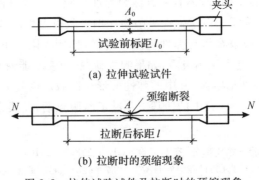

(a) 拉伸试验试件

(b) 拉断时的颈缩现象

图 2.2 拉伸试验试件及拉断时的颈缩现象

对拉伸试验时不出现如图 2.1 所示塑性流动的钢材,亦即无明显的屈服点时,常取产生残余应变为 0.2% 时的应力作为名义上的屈服点,记作 $f_{0.2}$。为了与 f_y 相区别,称 $f_{0.2}$ 为钢材的屈服强度。为了简化,本书以后对此不加以区别,统称为屈服点或屈服强度。

从钢材的拉伸试验曲线中,除上面已提到的可说明受拉试件在拉断前几个明确的变形阶段外,还可得到钢材的一些极为有用的力学性能指标。

(1)屈服点 f_y　这是衡量结构的承载能力和确定强度设计值的重要指标。在弹性设计时,常以纤维应力到达屈服点作为强度计算时的限值。屈服点的数值由试件屈服时的荷载 N 除以试件未变形前的原来截面积 A_0 得到。

(2)抗拉强度 f_u　这是衡量钢材抵抗拉断的性能指标,不仅是表示钢材强度的另一个指标,而且直接反映钢材内部组织的优劣。f_u 是 σ-ε 曲线上最高点的应力,即由试件拉伸时的最大荷载除以试件未变形前的截面积 A_0 而得。当以纤维应力到达屈服点作为强度计算的限值时,f_u 与 f_y 的差值可作为构件的强度储备。

(3)弹性模量 E [①]　E 是弹性阶段应力 σ 与应变 ε 的比值。图 2.1(a)所示 σ-ε 曲线上弹性阶段直线段 OA 的倾角为 $\arctan E$,由倾角的大小可求得弹性模量 E。对钢材而言,E 值变化不大,计算时不论钢种,通常均可取 $E = 206 \times 10^3 \, \text{N/mm}^2$。

此外,在钢材 σ-ε 曲线 C 点处的切线模量称为应变硬化模量,记作 E_{st},在拉伸试验中也可同时得到。

(4)伸长率 δ　其由下式求取(参阅图 2.2):

$$\delta = \frac{l - l_0}{l_0} \times 100\% \tag{2.1}$$

式中:l_0 和 l 分别为试件拉伸前和拉断后的标距。伸长率是衡量钢材塑性性能的一个指标,用以表示钢材断裂前发生塑性变形的能力,δ 值愈大,塑性性能愈好。由于钢材具有良好的塑性,可使有应力集中的构件的应力高峰得到调整,也可使构件破坏前有较大的变形而发出警告,从而可及时补救。

必须注意的是:拉伸试件有长短之分,国家标准中规定的长试件是 $l_0 = 10d$(d 为圆形截面试件的直径)或 $l_0 = 10\sqrt{4A_0/\pi}$(A_0 为矩形截面试件的截面积);短试件是 $l_0 = 5d$ 或 $l_0 = 5\sqrt{4A_0/\pi}$,其伸长率分别记作 δ_{10} 和 δ_5。拉伸试验时在到达抗拉强度前,试件沿标距产生均匀拉伸变形。在颈缩阶段,均匀拉伸变形已停止而代之以颈缩变形。颈缩变形在长试件和短试件中是相同的,因而同一钢材由短试件求得的 δ_5 将大于长试件求得的 δ_{10}。

(5)断面收缩率 ψ　这是衡量钢材塑性性能的另一个指标,是指试件横断面面积在试验前后的相对减缩,即

$$\psi = \frac{A_0 - A}{A_0} \times 100\% \tag{2.2}$$

式中:A_0 和 A 各为试件试验前的横截面面积和试件拉断后断口处的横截面面积。因已有了伸长率这个表示钢材塑性性能的指标,通常不要求再给出 ψ 值。

钢材压缩试验所得的 σ-ε 曲线常与拉伸试验时的基本相同,因而拉伸时的屈服点 f_y 也就是压缩时的屈服点,两者是相同的。做了钢材的拉伸试验后,就不再需要做压缩试验。

---

① 《金属材料 弹性模量和泊松比试验方法》(GB/T 22315—2008)。

2. 冷弯试验①

冷弯试验用以试验钢材的弯曲变形性能和抗分层的性能。试验时将厚度为 a 的试件置于图 2.3(a) 所示的支座上,在常温时加压使其弯曲,对钢材试件要求弯曲 180°,即试件绕着弯心弯到两表面平行,如图 2.3(b) 所示。试验在压力机上或万能试验机上进行。弯曲后检查试件弯曲外表面(不适用放大仪器观察),如无可见裂纹,即评定为冷弯试验合格。弯心直径 d(弯曲压头直径 D)随试验的钢材种类及其厚度不同而异,如取 d 为 $1.5a$、$2a$ 和 $3a$ 等,应按有关技术条件的规定采用。

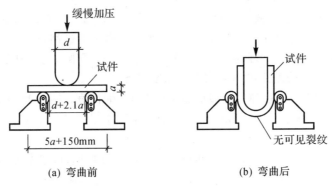

图 2.3　钢材的冷弯试验

冷弯试验合格是评估钢材质量优劣的一个综合性指标,它不仅要求钢材具有必要的塑性,同时还要求钢材中没有或极少有冶炼过程中产生的缺陷,如非金属夹杂、裂纹、分层和偏析(化学成分不均匀)等。因此,《钢结构设计标准》(GB 50017—2017)[1] 第 4.3.2 条规定,焊接承重结构以及重要的非焊接承重结构采用的钢材应具有冷弯试验合格的保证。此外,结构在制作中和安装过程中常需进行冷加工,特别是焊接结构的焊后变形需要进行调直和调平等,都需要钢材具有较好的冷弯性能。

3. 冲击韧性②

冲击韧性也叫作缺口韧性(或冲击吸收能量),表示带缺口的钢材标准试件(见图 2.4)在冲击试验机上被摆锤击断时所能吸收的机械能。吸收的能量大,钢材在冲击荷载作用下抵抗变形和断裂的能力就强。对直接承受动力荷载或需验算疲劳的钢结构,其钢材需做冲击韧性试验。根据标准试件上缺口形状的不同,冲击韧性试验的试件有梅氏(Mesnager)试件和夏比(Charpy)试件两种。前者缺口为 U 形,后者缺口为 V 形,分别如图 2.4(b)、(c) 所示。由于试件上有缺口,因此受力后在缺口处有应力集中使该处出现三向同号应力,材质变脆。击断有缺口试件所需的机械功大小实际上就表示了试件抵抗脆性破坏的能力。由于 V 形缺口处的应力集中较 U 形缺口严重,因此 V 形缺口试件更能反映钢材的韧性。我国以前曾采用梅氏试件做冲击韧性试验,而今则已改用夏比(V 形缺口)试件。夏比试件所得冲击韧性记作 A_{kv},单位为 J($1J=1N \cdot m$),即直接用击断标准试件所需之功表示。

摆锤击断试件所做之功可由试验机度盘上直接读取,也可按式(2.3)算出:

---

① 《金属材料　弯曲试验方法》(GB/T 232—2010)。
② 《金属材料　夏比摆锤冲击试验方法》(GB/T 229—2020)。

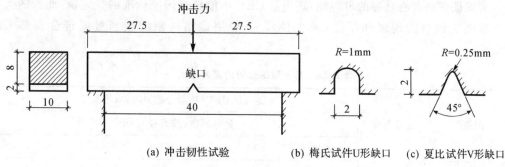

(a) 冲击韧性试验　　　(b) 梅氏试件U形缺口　(c) 夏比试件V形缺口

图 2.4　冲击韧性试验

$$A_{kv} = Pl(\cos\beta - \cos\alpha) \qquad (2.3)$$

式中：P 为摆锤的重力（单位为 N）；l 为摆长（即摆轴至摆锤重心距离，单位以 m 计）；α 与 β 各为试件折断前摆锤扬起的角度和试件折断后摆锤反弹扬起的角度。

必须注意的是：钢材的冲击韧性随温度不同而不同，低温时冲击韧性将明显降低。图 2.5 表示 A_{kv} 和温度 t 之间的关系，此曲线可由试验得出。

一般来讲，当温度小于 t_1 时，A_{kv} 值较低，此曲线较平缓，钢材将呈脆性破坏；当温

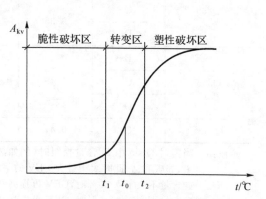

图 2.5　缺口韧性随温度的变化曲线

度大于 t_2 时，A_{kv} 值较大，此曲线也较平缓，钢材将呈塑性破坏。鉴于钢材的脆性破坏除决定于温度外，还与应力集中程度和应变速率等有关，当应力集中程度严重和应变速率加大时，则脆性破坏的可能性就大，图 2.5 所示从塑性破坏到脆性破坏的转变温度将是一个区间，此温度区称为"韧脆转变温度"区。转变区内曲线最陡处的温度 t_0 称为转变温度。在结构设计中要求避免脆性破坏，结构所处温度应大于 t_1（即对应于 t_1 的 A_{kv} 应满足设计要求）。对寒冷地区直接承受较大动力荷载的钢结构，除应有常温冲击韧性的保证外，尚应视钢材的牌号而定，使其具有 $-20℃$ 或 $-40℃$ 的冲击韧性保证。

二、工艺性能（可焊性）

钢材的工艺性能主要是指其承受各种冷热加工的能力，包括锻造性能、成型性能、焊接性能等。这里只讨论钢材的焊接性能。

钢材在一定的焊接工艺条件下焊接后，焊缝金属和近焊缝区的钢材不产生裂纹，焊缝的力学性能不低于钢材的力学性能，则这种钢材的焊接性能良好，或简称可焊性良好。焊接钢结构的钢材必须具有良好的可焊性。

钢材的可焊性常用基于熔炼分析的碳当量（CEV）来评估，按下式计算[2-7]：

$$CEV = w_C + w_{Mn}/6 + (w_{Cr} + w_{Mo} + w_V)/5 + (w_{Ni} + w_{Cu})/15 \qquad (2.4)$$

式中：w_C、w_{Mn}、w_{Cr}、w_{Mo}、w_V、w_{Ni}、w_{Cu} 分别是碳、锰、铬、钼、钒、镍和铜元素的质量分数（%）；碳当量 CEV 是英文 Carbon Equivalent Value 的缩写。

为保证钢材具有良好的可焊性,碳当量 CEV 不能超过国家标准的规定值,此值的大小主要取决于钢材的钢级和厚度(或直径)。一般用途结构钢的碳当量应符合表 2.1 的规定[3]。

表 2.1a　基于熔炼分析的碳当量值(一)

钢级	质量等级	碳当量 CEV(质量分数)[a](%),不大于				
		公称厚度(或直径)(mm)				
		≤30	>30~40	>40~150	>150~250	>250~400
Q235	B	0.40				
	C	0.35	0.35	0.38	0.40	—
	D	0.35	0.35	0.38	0.40	0.40
Q355	B	0.45	0.47	0.47	0.49[b]	—
	C	0.45	0.47	0.47	0.49[b]	—
	D	0.45	0.47	0.47	0.49[b]	0.49
Q450[c]	C	0.47	0.49	0.49	—	—

注:a　当需对 Q355 中 Si 含量控制时(例如热浸镀锌涂层),为了满足抗拉强度要求,需增加其他元素,如碳和锰,此时表中最大 CEV 的值增加应符合以下规定:

硅含量不大于 0.30% 时,CEV 可提高 0.02%;

硅含量不大于 0.25% 时,CEV 可提高 0.01%。

b　对于型钢和棒材,最大 CEV 允许值为 0.54%。

c　仅适用于型钢和棒材。

表 2.1b　基于熔炼分析的碳当量值(二)

钢级	碳当量 CEV(质量分数)(%),不大于		
	公称厚度(或直径)(mm)		
	≤30	>30~63	>63~150
Q390	0.45	0.45	0.48
Q420[a]	0.45	0.47	0.48
Q460[a]	0.47	0.49	0.49

注:a　仅适用于棒材产品。

2.2　影响钢材性能的主要因素

钢的种类极多,依照用途不同而有不同的性能。用于建筑钢结构的钢称为结构钢,它必须同时具有较高的强度、塑性和韧性,还必须具有良好的加工性能,对焊接结构还应保证其可焊性。强度高,可减小结构的截面面积而节省钢材。塑性、韧性好可保证结构的安全,减少结构产生脆断的危险性。结构钢主要有两类,一类是碳素结构钢中的低碳钢,另一类是低合金高强度结构钢(合金成分低于 5% 时称为低合金钢)。这两类钢的现行国家标准分别是

《碳素结构钢》(GB/T 700—2006)[8]和《低合金高强度结构钢》(GB/T 1591—2018)[9]。我国《钢结构设计标准》(GB/T 50017—2017)[1]中除了推荐这两类结构钢外,对重要承重结构的受拉板材推荐采用《建筑结构用钢板》(GB/T 19879—2015)[10]。

影响钢材性能的因素较多,主要是钢的化学成分的影响、生产过程的影响、热处理的影响和冷加工的影响。

一、化学成分的影响

1. 碳素钢主要是铁和碳的合金。钢因含碳量不同而区分为低碳钢(w_C<0.25%)、中碳钢(w_C=0.25%~0.60%)和高碳钢(w_C=0.60%~1.7%)。碳的含量愈高,钢的强度也愈高,但其塑性、韧性和可焊性却显著降低,因而用于建筑钢结构的只能是低碳钢,要求 w_C ≤0.22%。对焊接承重结构,为了使其有良好的可焊性,通常须限制 w_C≤0.20%(国家标准《碳素结构钢》GB/T 700—2006 中没有给出碳当量 CEV 的要求)。国家标准 GB/T 700—2006 对碳素钢根据其屈服点的不同有 Q195、Q215、Q235 和 Q275 四种牌号(牌号第一个字母 Q 为屈服点的屈字汉语拼音的第一个字母,Q 后面的数字表示屈服点强度数值)。用于钢结构时,《钢结构设计标准》(GB 50017—2017)[1]推荐采用 Q235 钢,此钢的平均含碳量小于等于 0.18%,屈服点 f_y=235N/mm^2,符合同时具有较大的强度、塑性和韧性的要求,可焊性也良好。Q215 钢及以下的牌号则由于强度较低、Q275 钢则由于含碳量较高而均不适用于建筑钢结构。

2. 为了得到较 Q235 钢更高的强度,可在低碳钢的基础上在冶炼时加入可提高钢材强度的合金元素如锰、钒等,得到低合金钢。加入适量的合金成分后,可使钢水在冷却时得到细而均匀的晶粒,从而既提高了强度又不损害塑性与韧性。这与碳素钢依靠增加碳的含量而提高强度完全不同。我国钢结构设计标准中推荐采用的低合金钢是 GB/T 1591—2018[9]中的 Q355 钢、Q390 钢、Q420 钢和 Q460 钢四种,推荐采用的高性能建筑结构用钢是 GB/T 19879—2015[10]中的 Q345GJ 钢。

3. 钢中除铁与碳及有意加入的合金元素之外,尚含有少量的其他元素如锰、硅、硫及磷等,此外,也还可能存在钢冶炼过程中不易除尽的氧、氮和氢等。

锰对钢是有益元素,是钢液的弱脱氧剂。锰能消除钢液中所含的氧,又能与硫化合,消除硫对钢的热脆(高温时使钢产生裂纹)影响。含适量的锰,可提高钢的强度同时不影响钢的塑性和冲击韧性。但若锰含量过高,则又会降低钢的可焊性,故在碳素钢中锰含量应予限制,GB/T 700—2006 中给出的锰含量为 0.5%~1.5%。在低合金钢中,锰作为合金成分,其含量为 1.6%~1.8%(热轧钢)[9]。

硅对钢也是一种有益元素,是钢液的强脱氧剂。硅还能使钢中铁的晶粒变细而均匀,改善钢的质量。钢中含适量的硅,可提高钢的强度而不影响其塑性、韧性和可焊性。但若硅含量过高(超过约 1%),对钢的塑性、韧性、可焊性和抗锈性也会有影响。在低碳钢中硅含量应为 w_{Si}≤0.35%,在低合金钢中应为 w_{Si}≤0.55%(热轧钢),见表 2.2。

表 2.2a 碳素结构钢的化学成分[8]

牌号		化学成分(%),不大于				
钢级	质量等级	C	Mn	Si	S	P
Q235	A	0.22	1.40	0.35	0.050	0.045
	B	0.20			0.045	0.045
	C	0.17			0.040	0.040
	D	0.17			0.035	0.035

注:1. 经需方同意,Q235B的含碳量可不大于0.22%。
　　2. 本表规定的化学成分适用于钢锭(包括连铸坯)、钢坯及其制品。

表 2.2b 低合金高强度结构钢的牌号及化学成分(热轧钢)[9]

钢级	质量等级	Cª ≤40mmᵇ	Cª >40mm	Mn	Si	Pᶜ	Sᶜ	Nbᵈ	Vᵉ	Tiᵉ	Cr	Ni	Cu	Mo	Nᶠ
Q355	B	0.24		1.60	0.55	0.035	0.035	—	—	—	0.30	0.30	0.40	—	0.12
	C	0.20	0.22			0.030	0.030								
	D	0.20	0.22			0.025	0.025								—
Q390	B	0.20		1.70	0.55	0.035	0.035	0.05	0.13	0..05	0.30	0.50	0.40	0.10	0.015
	C					0.030	0.030								
	D					0.025	0.025								
Q420ᵍ	B	0.20		1.70	0.55	0.035	0.035	0.05	0.13	0.05	0.30	0.80	0.40	0.20	0.015
	C					0.030	0.030								
Q460ᵍ	C	0.20		1.80	0.55	0.030	0.030	0.05	0.13	0.05	0.30	0.80	0.40	0.20	0.015

注:a 公称厚度大于100mm的型钢,碳含量可由供需双方协商确定。
　　b 公称厚度大于30mm的钢材,碳含量不大于0.22%。
　　c 对于型钢和棒材,其磷和硫含量上限值可提高0.005%。
　　d Q390、Q420最高可到0.07%,Q460最高可到0.11%。
　　e 最高可到0.20%。
　　f 如果钢中酸溶铝Als含量不小于0.015%或全铝Alt含量不小于0.020%,或添加了其他固氮合金元素,氮元素含量不作限制,固氮元素应在质量证明书中注明。
　　g 仅适用于型钢和棒材。

表 2.2c　建筑结构用钢板的化学成分[10]

牌号		化学成分（%）												
钢级	质量等级	C	Si	Mn	P	S	V[b]	Nb[b]	Ti[b]	Als[a]	Cr	Cu	Ni	Mo
		≤		Mn			≤			≥		≤		
Q345GJ	B、C	0.20	0.55	≤1.60	0.025	0.015	0.150	0.07	0.035	0.015	0.30	0.30	0.30	0.20
	D、E	0.18			0.020	0.010								

注：a　允许用全铝含量（Alt）来代替酸溶铝（Als）的要求，此时全铝含量应不小于 0.020％；如果钢中添加 V、Nb 或 Ti 任一种元素，且其含量不低于 0.015％时，最小铝含量不适用。

　　b　当 V、Nb、Ti 三种元素组合加入时，三者含量之和不能超过 0.15％。

　　硫和磷都是钢中的有害杂质。硫与铁能生成易于熔化的硫化铁。含硫量增大，会降低钢的塑性、冲击韧性、疲劳强度和抗锈性等。硫化铁的熔化温度为 1170～1185℃，比钢的熔点低得多，其与铁形成的共晶体，熔点更低，约为 985℃。当对钢材进行轧制等热加工或电焊时，硫化铁即行熔化使钢内形成微小裂纹，称为"热脆"。磷的存在虽可提高钢的强度和抗锈性，但会降低钢的塑性、冲击韧性、冷弯性能和可焊性等。特别是磷能使钢材在低温时变脆，称为"冷脆"。因此，《钢结构设计标准》（GB 50017—2017）规定，所有承重结构的钢材均应具有硫和磷含量的合格保证。见表 2.2。

　　氧、氮和氢也都是有害杂质。氧在炼钢过程中可能以氧化铁残留于钢液中，氮和氢则可能从空气进入高温的钢液中。氧和氮都会使钢的晶粒粗细不匀，氧与硫一样还会使钢热脆，氮则与磷相似会使钢冷脆。氢能使钢产生裂纹。因此对这些有害杂质都必须使其在炼钢过程中从钢中析出或防止其从空气中进入钢液。

　　表 2.2 给出了 Q235 钢、Q355 钢、Q390 钢、Q420 钢、Q460 钢和 Q345GJ 钢等的主要化学成分，摘自有关钢种的国家标准[8-10]。

二、生产过程对钢材性能的影响

　　生产过程的影响包括冶炼时的炉种、浇注前的脱氧和热轧等的影响。

　　1. 冶炼时的炉种

　　炼钢主要是将生铁或铁水中的碳和其他杂质如锰、硅、硫、磷等元素氧化成炉气和炉渣后而得到符合要求的钢液的过程。目前炼钢时采用的炉种主要有电炉和转炉两种。电炉钢质量最佳，但耗电量很大，费用较贵。转炉钢在我国过去主要采用碱性侧吹转炉冶炼。碱性是指炉壁由碱性材料砌筑，侧吹是指冶炼时将高压空气由炉子的侧壁送风口吹入，把铁水中的碳、硅、锰、硫、磷等元素氧化而使铁水变成钢液。用这种冶炼方法所得的钢液含杂质较多，质量较差，目前在钢结构中已不使用。取而代之的是氧气转炉钢，冶炼时将高压氧气（纯度在 99.50％以上）吹入炉内使杂质氧化而成。氧气转炉钢所含有害元素及夹杂物少，钢材的质量和加工性能好，且生产效率高、成本低，可用于制造各种结构。因此，国家标准[2-10]明确规定：钢由氧气转炉或电炉冶炼。除非需方有特殊要求并在合同中注明，冶炼方法一般由供方自行选择。

　　2. 钢的脱氧

　　钢液中残留氧，将使钢材晶粒粗细不匀并发生热脆。因此浇注钢锭时在炉中或盛钢桶中加入脱氧剂以消除氧,可大大改善钢材的质量。因脱氧程度不同,钢可分成沸腾钢、半镇静钢、镇静钢和特殊镇静钢四类,其中半镇静钢已不再生产。

如采用锰作为脱氧剂(锰是与氧的亲合力比铁高的化学元素),由于锰是弱脱氧剂,脱氧不完全,浇注后钢液中仍残留较多的氧化铁,它与钢液中的碳相互作用而成一氧化碳气体,气体从钢液中逸出时使钢液在钢锭模中产生"沸腾",故名沸腾钢。沸腾钢生产周期短,消耗的脱氧剂少,冷却凝固后钢锭顶面无缩孔,轧制钢材时钢锭的切头率(切除钢锭头部质量较差的钢材的百分率)小,约为5%～8%,钢材成品率较高,为92%～95%。这些因素使钢材成本降低而价格便宜。但因钢液冷却较快,部分气体无法从钢锭中逸出,冷却后钢内形成许多小气泡,组织不够致密,并有较多的氧化铁夹杂,化学成分不够均匀(称为偏析),这些都是沸腾钢的缺陷。由于组织不致密和小气泡在轧制时通过辊轧可以压合,因而沸腾钢的强度和塑性(例如屈服点和伸长率)并不比镇静钢低多少(特别是薄钢板),但其他缺陷可使钢的冲击韧性较低和脆性转变温度较高,抵抗冷脆性能差,抗疲劳性能也较镇静钢为差。

除用锰外还可另增加一定数量的硅作为脱氧剂。由于硅是较强的脱氧剂,脱氧充分。硅与氧化铁起作用时,产生较多的热量,因而在钢锭模中的钢液冷却较慢,大部分气体可以析出。钢液是在平静状态下凝固,故名镇静钢。镇静钢的化学成分较均匀,晶粒细而均匀,组织密实,含气泡和有害氧化物等夹杂少,因而冲击韧性较高,特别是低温时的韧性大大高于沸腾钢,抗低温冷脆能力和抗疲劳性能都较强,是质量较好的钢材。但镇静钢在缓慢冷却时钢锭顶部因体积收缩而有缩孔,这部分钢锭因氧化程度较高在轧制钢材时需切除,切头率约为15%～20%,成材率只有80%～85%。加之脱氧剂的成本高于沸腾钢,使得镇静钢的价格高于沸腾钢。

如果用硅脱氧后再用更强的脱氧剂铝补充脱氧,则可得特殊镇静钢,其冲击韧性特别是低温冲击韧性都较高。

目前轧制钢材的钢坯广泛采用连续铸锭法生产,钢材必然为镇静钢,因而镇静钢的应用已大大增多。

3. 钢的轧制

我国的钢材大都是热轧型钢和热轧钢板。将钢锭加热至塑性状态(1150～1300℃),通过轧钢机将其轧成钢坯,然后再令其通过一系列不同形状和孔径的轧机,最后轧成所需形状和尺寸的钢材的过程,称为热轧。钢材热轧成型,同时也可细化钢的晶粒使组织紧密,原存在于钢锭内的

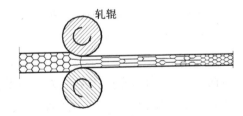

图 2.6　钢的轧制

一些微观缺陷如小气泡和裂纹等经过多次辊轧而弥合,改进了钢的质量,如图2.6所示。辊轧次数较多的薄型材和薄钢板,轧制后的压缩比大于辊轧次数较小的厚材,因而薄型材和薄钢板的屈服点和伸长率等就大于厚材。表2.3给出了Q235钢等钢材拉伸试验和冷弯试验应符合的规定值,摘自有关国家标准[8-10]。由此表可见同是Q235钢或同是某低合金钢,其屈服点和伸长率随厚度不同而变化。

表 2.3a　碳素结构钢的力学性能[8]

牌号		上屈服强度 f_y（N/mm²）不小于				抗拉强度 f_u（N/mm²）	伸长率 δ_5（%），纵向不小于			夏比冲击试验		180°冷弯试验 d—弯心直径 a—试样厚度或直径	
		厚度或直径（mm）					厚度或直径（mm）			温度℃	冲击韧性 A_{kv}（J）纵向不小于	厚度或直径（mm）	
钢级	质量等级	≤16	>16~40	>40~60	>60~100		≤40	>40~60	>60~100			≤60	>60~100
Q235	A	235	225	215	215	370~500	26	25	24	—	—	纵向：$d=a$ 横向：$d=1.5a$	纵向：$d=2a$ 横向：$d=2.5a$
	B									+20	27		
	C									0			
	D									−20			

表 2.3b　低合金高强度结构钢的力学性能（热轧钢）[9]

牌号		上屈服强度 f_y（N/mm²），不小于					抗拉强度 f_u（N/mm²）	伸长率 δ_5（%），纵向不小于			夏比冲击试验		180°冷弯试验[a] D—弯曲压头直径 a—试样厚度或直径	
		公称厚度或直径（mm）						厚度或直径（mm）			温度℃	冲击韧性 A_{kv}（J）纵向不小于	厚度或直径（mm）	
钢级	质量等级	≤16	>16~40	>40~63	>63~80	>80~100		≤40	>40~63	>63~100			≤60	>60~100
Q355	B	355	345	335	325	315	470~630	22	21	20	+20	34	$D=2a$	$D=3a$
	C										0			
	D										−20			
Q390	B	390	380	360	340	240	490~650	21	20	20	+20	34		
	C										0			
	D										−20			
Q420[b]	B	420	410	390	370	370	520~680	20	19	19	+20	34		
	C										0			
Q460[b]	C	460	450	430	410	410	550~720	18	17	17	0	34		

注：a　对于公称宽度不小于 600mm 钢板及钢带，取横向试样，其他钢材取纵向试样。

　　b　只适用于型钢和棒材。

表 2.3c 建筑结构用钢板的力学性能[10]

牌号		上屈服强度 f_y (N/mm^2) 不小于			抗拉强度 f_u (N/mm^2)	伸长率 δ_5 (%) 不小于	夏比冲击试验		180°冷弯试验 D—弯曲压头直径 a—试样厚度	
		厚度或直径(mm)					温度 ℃	冲击韧性 A_{kv} (J) 纵向 不小于	钢板厚度(mm)	
钢级	质量等级	6~16	>16 ~50	>50 ~100					≤16	>16
Q345GJ	B	≥345	345	335	490 ~610	22	+20	47	$D=2a$	$D=3a$
	C						0			
	D						−20			
	E						−40			

三、热处理对钢材性能的影响

钢材热处理是将钢材在固态范围内按一定规则加热、保温和冷却,以改变其组织结构,从而获得所需性能的一种工艺过程。其特点是塑性降低不多,但其强度提高很多,综合性能比较理想。土木工程所用钢材一般在生产厂家进行热处理。在施工现场,有时需对焊接件进行热处理。

常用的热处理工艺有退火、正火、淬火和回火等方法。

1. 退火

退火是将钢材加热到一定温度,保温后缓慢冷却(随炉冷却)的一种热处理工艺。按加热温度分低温退火和完全退火。低温退火的加热温度在铁素体等基本组织转变温度以下,完全退火的加热温度在 800~850℃。

退火的目的是减少加工中产生的缺陷、减轻晶格畸变、消除内应力,获得良好的工艺性能和使用性能。例如,含碳量较高的高强度钢筋在焊接中容易形成很脆的组织,必须紧接着进行完全退火以消除这一不利的转变,保证焊接质量。

2. 正火

正火是将钢材加热到基本组织转变温度以上 30~50℃,待完全奥氏体化后,再在空气中进行冷却的热处理工艺;正火是退火的一种特例。正火是在空气中冷却,冷却速度比退火快一些,工艺简单,能耗少。

正火的目的是细化晶粒,消除组织缺陷等。正火后的钢材,硬度、强度提高,塑性降低,切削性能改善。

3. 淬火

淬火是将钢材加热到基本组织转变温度以上(一般为 900℃以上),保温使组织完全转变,然后立即投入选定的冷却介质(如水或矿物油等)中快速冷却,使之转变为不稳定组织的一种热处理操作。

淬火的目的是得到高强度、高硬度和耐磨的钢材,但塑性和韧性显著降低。淬火是强化钢筋最重要的热处理手段。

4. 回火

回火是将钢材加热到基本组织转变温度以下(150～650℃内选定),保温后在空气中冷却的一种热处理工艺。

回火的目的是促进不稳定组织转变为需要的稳定组织,消除淬火产生的内应力,降低脆性,改善机械性能等。

淬火与回火通常是两道相连的热处理过程。我国目前生产的热处理钢筋即采用中碳低合金钢经油浴淬火和铅浴高温(500～650℃)回火制得。

通常,经过热处理的钢材称为调质钢,有调质合金钢和调质碳素钢等。

四、冷加工及时效强化对钢材性能的影响

上面简单说明了影响钢材力学性能的主要因素,包括化学成分、生产过程和热处理,主要涉及钢材在出钢厂以前的有关因素。钢材出钢厂以后,在制造和使用时还会有许多因素影响钢的力学性能,下面介绍钢材的冷加工强化和时效强化对其性能的影响。

图 2.7 给出了拉伸试验时的应力-应变曲线,此图即第 2.1 节所示钢材在一次拉伸试验时的图 2.1(a)。这里要讨论的则是当初次加载过弹性应变后,例如到达图中的 B 点或 D 点,卸载后重新加载对 σ-ε 曲线的影响。在 2.1 节中已述及,当加载不超过弹性阶段,在此范围内重复卸载和加载不会产生残余应变,σ-ε 曲线始终保持原来的直线。如加载到图中的 B 点再卸载,曲线将循 BC 下降到 C 点,产生残余应变 OC;重新加载,曲线将循 $CBDF$ 进行,这相当于将曲线原点 O 移至 C 点,结果是减小了钢的变形能力,亦即降低了钢的塑性性质。又如加载到图中的 D 点再卸载,则曲线将循 DE 下降到 E 点,产生残余应变 OE;重新加载,曲线将循 EDF 进行,相当于把曲线原点由 O 移至 E,结果是变形能力更小,钢的塑性更加降低,但与此同时,钢的屈服点则由 A 点提高到 D 点。钢材经冷拉、冷拔、冷弯等冷加工而产生塑性变形,卸载后重新加载,可使钢材的屈服强度得到提高,但钢材的塑性和韧性却大大降低,这种现象称为冷加工强化或应变硬化。

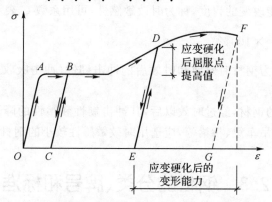

图 2.7　超过弹性阶段后应变的影响(图未按比例画出)

在钢结构中,由于对钢材的塑性和韧性要求较高,因此一般不利用冷加工强化以提高钢材的屈服强度。对锅炉汽包、压力容器等重要结构,常需用热处理方法来消除冷加工强化的不利影响。重级工作制吊车梁截面的钢板当用剪切边时,也常需将剪切边刨去 3～5mm 以

去掉出现冷加工强化部分的钢材。但在冷弯薄壁型钢结构中,将钢板冷弯成型时,其转角处钢材屈服强度的提高,在《冷弯薄壁型钢结构技术规范》(GB 50018—2002)中对此则有所考虑。

产生冷加工强化的原因是:钢材在冷加工时晶格缺陷增多,晶格畸变,对位错运动的阻力增大,因而屈服强度提高,塑性和韧性降低。由于冷加工时产生内应力,故冷加工钢材的弹性模量有所下降。

与冷加工强化现象相似的,钢还有一种称为时效强化或时效硬化的现象,即加载到冷加工强化阶段卸载后隔一定时间,再重新加载,钢材的强度将继续有所提高,如图 2.8 所示。应力-应变曲线将循图中 $EDHK$ 进行,屈服强度由 D 点提高到 H 点,恢复一水平的塑性区段后在更高的应力水平上出现一个新的冷加工强化区。曲线恢复了原来的形状,但塑性区和冷加工强化区的范围则大大缩小。这也是一个对钢结构不利的因素。时效过程可长达几年,但如在塑性变形后对钢材加热到 200℃ 左右,可使时效在几小时内完成,这称为人工时效。

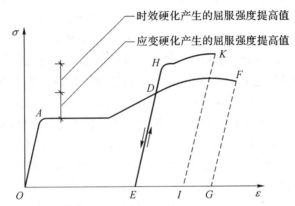

图 2.8　在冷加工强化区卸载后的时效强化现象(图未按比例画出)

因时效而导致性能改变的程度,称为时效敏感性,可用系数 C 表示,按下式确定:

$$C = \frac{A_{kv} - A_{kvs}}{A_{kv}} \times 100\% \tag{2.5}$$

式中:A_{kv} 和 A_{kvs} 分别为钢材时效前和时效后的冲击韧性(冲击吸收功)。C 越大则时效敏感性越大。

时效敏感性越大的钢材,经过时效以后,其冲击韧性和塑性的降低愈显著。因此,对于承受动荷载的结构,如吊车梁、桥梁等,应选用时效敏感性较小的钢材[15]。

2.3　钢材的分类、牌号和标准

前面已介绍过,钢结构用钢主要是碳素结构钢中的低碳钢、低合金高强度结构钢和建筑结构用钢板三类,且各有国家标准对其牌号的表示方法和技术条件等做出规定。本节将首先简介这三类钢材的国家标准中的有关规定,然后介绍为与国际接轨而推出的一套国家标准《结构钢》(GB/T 34560.1~6—2017)[2-7],最后简介我国标准与主要国外标准牌号的对照。

一、国家标准的有关规定

1. 碳素结构钢

现行国家标准是 GB/T 700—2006[8]，主要是参照采用了国际标准化组织的《结构钢》标准 ISO630:1995 中的有关规定，自 2007 年 2 月 1 日起施行，代替原国家标准 GB/T 700—1988。

（1）牌号由代表屈服强度的字母（Q）、上屈服强度数值、质量等级符号、脱氧方法符号等 4 个部分按顺序组成，例如：Q235AF 表示上屈服强度 $f_y=235\text{N/mm}^2$ 的 A 级沸腾钢。

质量等级分 A、B、C、D 四级，依次以 A 级质量较差，D 级质量最高。脱氧方法符号为 F、Z 和 TZ，分别表示沸腾钢、镇静钢和特殊镇静钢，但在牌号表示方法中，Z 和 TZ 的符号可以省略。

GB/T 700—2006[8] 中给出了四种牌号的碳素结构钢，即 Q195、Q215、Q235 和 Q275。

（2）钢材的质量等级不同，其化学成分、脱氧要求和冲击韧性要求将有所不同，但由拉伸试验确定的力学性能（包括屈服强度、抗拉强度和伸长率）则与等级无关。屈服强度随钢材厚度分级降低，牌号中的 235 N/mm² 是钢板厚度小于或等于 16mm 时的屈服强度数值（可参阅前文中的表 2.3a）。

A 级和 B 级钢各有 F 和 Z 两种脱氧方法，C 级钢只有镇静钢，D 级钢只有特殊镇静钢。

（3）冲击韧性要求为：

Q235A　不作冲击韧性试验要求；

Q235B　作常温（20℃）冲击韧性试验；

Q235C　作 0℃ 冲击韧性试验；

Q235D　作 −20℃ 冲击韧性试验。

冲击韧性试验采用夏比 V 形缺口试件。冲击韧性指标为 A_{kv}，对上述 B、C、D 级钢在其各自不同温度要求下，都要求达到 $A_{kv} \geqslant 27\text{J}$。

（4）基本上都要求同时保证力学性能与化学成分和规定采用氧气转炉或电炉冶炼。

（5）A 级钢除保证力学性能外，其含碳量和含锰量不作为交货条件，但可在质量证明书中注明其含量。

（6）用沸腾钢轧制的 B 级钢（Q235BF），其厚度（或直径）不大于 25mm（以免厚度大时质量不易保证）。

2. 低合金高强度结构钢

现行国家标准是 GB/T 1591—2018[9]，自 2019 年 2 月 1 日实施，代替原国家标准 GB/T 1591—2008。这里简要介绍与上述碳素结构钢规定的不同之处。

牌号由代表屈服强度的字母（Q）、最小上屈服强度数值、交货状态代号、质量等级符号等 4 个部分按顺序组成。实际工程常用 Q355、Q390、Q420 和 Q460 四种。

交货状态有热轧、正火或正火轧制和热机械轧制三种，代号分别为 AR 或 WAR、N 和 M；交货状态为热轧时，代号 AR 或 WAR 可省。例如：Q355B 表示最小上屈服强度 $f_y=355 \text{N/mm}^2$ 的热轧 B 级钢。

不同交货状态钢材的化学成分、力学性能指标都有区别，《钢结构设计标准》（GB

50017—2017)推荐的是热轧钢[1]。

质量等级分 B、C、D、E、F 五级，依次以 B 级质量较差，F 级质量最高。热轧钢只有 B、C、D 三级(见前面表 2.3b)。

热轧钢的冲击韧性指标 A_{kv} 大小与质量等级无关，即与碳素结构钢一样，B、C、D 级钢在其各自不同温度要求下都应满足 $A_{kv} \geqslant 34J$；其他交货状态钢材的 A_{kv} 大小随质量等级和试验温度不同而不同。

另外，GB/T 1591—2018 中以 Q355 钢替代 GB/T 1591—2008 中的 Q345 钢。

3. 建筑结构用钢板

现行的国家标准是 GB/T 19879—2015[10]，自 2016 年 11 月 1 日实施，代替原国家标准 GB/T 19879—2005。该标准适用于制造高层建筑结构、大跨度结构及其他重要建筑结构用热轧钢板。

牌号由代表屈服强度的字母(Q)、最小下屈服强度数值、代表高性能建筑结构用钢的汉语拼音字母(GJ)、质量等级符号(B、C、D、E)等 4 个部分按顺序组成。例如：Q345GJC 表示最小下屈服强度 $f_y = 345N/mm^2$ 的高性能建筑结构用 C 级钢。

屈服强度 $f_y \leqslant 460N/mm^2$ 钢板的冲击韧性指标 A_{kv}，各质量等级钢在其各自不同温度要求下都应满足 $A_{kv} \geqslant 47J$，比 GB/T 19879—2005 提高了 13J(提高 38%)。

4. 与国际接轨的我国钢材标准：结构钢 GB/T 34560.1～6—2017[2-7]

为了推进与国际标准接轨，参照国际标准化组织的结构钢标准 ISO 630.1～6(发布年份依次是 2011、2012、2014)，修改发布了我国的结构钢标准 GB/T 34560.1～6—2017(自 2018 年 7 月 1 日起实施)[2-7]，与上述 GB/T 700、GB/T 1591 等我国其他钢材标准暂时并存。结构钢标准 GB/T 34560.1～6—2017 发布的最终目标是取代以 GB/T 700 和 GB/T 1591 为基础的旧的结构钢标准体系，完成与国际标准接轨。

按结构钢标准 GB/T 34560—2017[2-7]，结构钢分一般用途结构钢、细晶粒结构钢、淬火加回火高屈服强度结构钢板、耐大气腐蚀结构钢和抗震型建筑结构钢等五类。

一般用途结构钢[3]，是指适用于一般焊接、栓接、铆接工程结构的热轧钢板(带)、宽扁钢、型钢和钢棒(以下简称钢材)，有 Q235、Q275、Q355、Q390、Q420、Q450、Q460 等 7 个钢级。

细晶粒结构钢[4]，是指适用于焊接或栓接重载荷结构以正火、正火轧制、热机械轧制状态交货的细晶粒结构钢，有 Q275、Q355、Q390、Q420、Q460、Q500、Q550、Q620、Q690 等 9 个钢级。

淬火加回火高屈服强度结构钢板[5]，是指适用于公称厚度为 3～150mm 的焊接或栓接结构以淬火加回火状态交货的钢板，有 Q460Q、Q500Q、Q550Q、Q620Q、Q690Q、Q800Q、Q890Q、Q960Q、Q1030Q、Q1100Q、Q1200Q、Q1300Q 等 12 个钢级。

耐大气腐蚀结构钢[6]，通常也称为耐候钢，是指在钢中加入一定数量的合金元素如 P、Cr、Ni、Cu 等，使其在金属基体表面形成保护层，以提高耐大气腐蚀性能的钢，适用于焊接或栓接用厚度或直径不大于 200mm 的钢材，主要有 Q235W、Q355W、Q355WP 等钢级。

抗震型建筑结构钢[7]，是指适用于厚度 6～150mm 的钢板、宽扁钢以及翼缘厚度不大于 140mm 的热轧型钢，有 Q235KZ、Q345KZ、Q390KZ、Q420KZ、Q460KZ 等 5 个钢级。

以下仅简要介绍目前工程中最常用的一般用途结构钢，主要介绍与上述 GB/T 700—2006 和 GB/T 1591—2018 规定的不同之处。

（1）牌号由代表屈服强度"屈"字的汉语拼音首位字母 Q、规定最小上屈服强度数值、质量等级符号（A、B、C、D）三部分组成；所有等级钢均为镇静钢，D 级钢为完全镇静钢。例如：Q355D 表示规定最小上屈服强度 f_y＝355N/mm² 的 D 级完全镇静钢。

当需方要求钢板具有厚度方向（Z 向）性能时，则在上述规定牌号后面加上钢板厚度方向性能级别，例如：Q355DZ25 表示厚度方向性能级别为 Z25、规定最小上屈服强度 f_y＝355N/mm² 的 D 级完全镇静钢；"Z25"中的数字 25，是钢板厚度方向拉伸试验的断面收缩率（%）[11]。

（2）钢材的质量等级不同，其化学成分的要求将有所不同，但由拉伸试验确定的力学性能（包括屈服强度、抗拉强度和伸长率）与等级无关；除 Q235 钢以外的钢材，碳当量和冲击韧性要求也与等级无关，见表 2.4～表 2.6。

比较表 2.2 与表 2.4 和表 2.3 与表 2.5、表 2.6 可见，GB/T 700—2006、GB/T 1591—2018 中牌号与 GB/T 34560.2 中完全相同的钢材，其技术要求是有所不同的，应引起注意。

表 2.4a　一般用途结构钢的牌号及化学成分（一）

牌号		化学成分（%），不大于							
钢级	质量等级	C			Si	Mn	P[c]	S[c,d]	N
		公称厚度或直径							
		≤16mm	>16～40mm	>40[a] mm					
Q235	A	0.22	0.22	0.20	—	1.40	0.040	0.040	0.012
	B[b]	0.20	0.20				0.035	0.035	
	C	0.17	0.17	0.17			0.030	0.030	
	D						0.025	0.025	—
Q275	A	0.24			—	1.50	0.040	0.040	0.012
	B	0.21	0.21	0.22			0.035	0.035	
	C	0.18	0.18	0.18[e]			0.030	0.030	
	D	0.18	0.18	0.18[e]			0.025	0.025	
Q355	B	0.24	0.24	0.24	0.55	1.60	0.035	0.035	0.012
	C	0.20	0.20[f]	0.22			0.030	0.030	
	D	0.20	0.20[f]				0.025	0.025	
Q450[g,h]	C	0.20	0.20[f]	0.22	0.55	1.70	0.030	0.030	0.025

注：a　公称厚度大于 100 mm 的型钢，碳含量由供需双方协商确定。
　　b　经供需双方协商，碳含量可不大于 0.22%。
　　c　型钢和棒材，磷和硫含量可提高 0.005%。
　　d　型钢和棒材，为改善机加工性能，如对钢进行处理以改变硫化物的形态。经供需双方协商，硫含量最大值可增加 0.015%，钙含量可不小于 0.002%。
　　e　公称厚度大于 150 mm 的钢材，碳含量不大于 0.20%。
　　f　公称厚度大于 30 mm 的钢材，碳含量不大于 0.22%。
　　g　仅适用于型钢和棒材产品。
　　h　钢中铌、钒、钛含量分别不大于 0.05%、0.13% 和 0.05%。

表 2.4b　一般用途结构钢的牌号及化学成分(二)

钢级	质量等级	化学成分(%),不大于 C^a	Si	Mn	P	S	Cr	Ni	Cu	Nb	V	Ti	Mo	N	B
Q390^b	B	0.20	0.50	1.70	0.035	0.035	0.30	0.50	0.30	0.07			0.10		—
	C				0.030	0.030									
	D				0.030	0.025	0.30	0.80	0.30	0.07	0.20	0.20		0.015	
Q420^c	B		0.50	1.70	0.040	0.040							0.20		—
	C				0.035	0.035	0.30	0.80	0.55	0.11					
Q460^c	C		0.60	1.80	0.035	0.035							0.20		0.004

注:a　对于厚度大于 100mm 的型钢,碳含量可协议规定。
　　b　对于 Q390 钢级的型材或棒材,磷和硫含量上限可提高 0.005%。
　　c　仅适用于型钢和棒材。

表 2.5a　一般用途结构钢的上屈服强度和抗拉强度(一)

钢级	质量等级	上屈服强度 f_y^a(N/mm²),不小于 公称厚度或直径(mm) ≤16	>16~40	>40~63	>63~80	>80~100	>100~150	抗拉强度 $f_u^{a,b}$(N/mm²) <3	>3~100	>100~150
Q235	A、B、C、D	235	225	215	215	215	195	370~510	370~510	350~500
Q275	A、B、C、D	275	265	255	245	235	225	430~580	410~560	400~540
Q355	B、C、D	355	345	.335	325	315	295	470~630	470~630	450~600
Q450^c	C	450	430	410	390	380	380	—	550~720	530~700

注:a　限于篇幅,厚度(或直径)大于 150mm 的上屈服强度 f_y 和抗拉强度 f_u 没有列出。
　　b　宽带钢(包括剪切钢板)抗拉强度上限不作要求。
　　c　仅适用于棒材产品。

表 2.5b　一般用途结构钢的上屈服强度和抗拉强度(二)

钢级	质量等级	上屈服强度 f_y(N/mm²),不小于 公称厚度或直径(mm) ≤16	>16~40	>40~63	>63~80	>80~100	>100~150	抗拉强度 f_u(N/mm²) ≤40	>40~63	>63~80	>80~100	>100~150
Q390	B、C、D	390	370	350	330	330	310	490~650				470~620
Q420^a	B、C	420	400	380	360	360	340	520~680				500~650
Q460^a	C	460	440	420	400	390	380	550~720				530~700

注:a　仅适用于棒材产品。

表 2.6a　一般用途结构钢的伸长率与冲击韧性(一)

牌号		伸长率 $\delta_5{}^a$(%),纵向不小于				夏比冲击试验			
		公称厚度或直径(mm)				温度(℃)	冲击韧性 A_{kv}(J),不小于		
							公称厚度或直径(mm)		
钢级	质量等级	≥3~40	>40~63	>63~100	>100~150		≤150[b,c]	>150~250[c]	>250~400[d]
Q235	B	26	25	24	22	+20	27	27	—
	C					0			—
	D					−20			27
Q275	B	23	22	21	19	+20	27	27	—
	C					0			—
	D					−20			27
Q355	B	22	21	20	18	+20	34	34	—
	C					0			—
	D					−20			34
Q450[e]	C	17				0	34	—	—

注:a　本表为 GB/T 34560.2[3]中相关内容的部分摘录。

　　b　公称厚度不大于 12mm 或者公称直径小于 16mm 的钢材应符合 GB/T 34560.1[2]的规定。

　　c　公称厚度大于 100mm 的型钢,冲击韧性由供需双方协商确定。

　　d　适用于扁平材。

　　e　仅适用于棒材。

表 2.6b　一般用途结构钢的伸长率与冲击韧性(二)

牌号		伸长率 $\delta_5{}^a$(%),纵向不小于			夏比冲击试验	
		公称厚度或直径(mm)			温度(℃)	冲击韧性 A_{kv}(J),不小于
钢级	质量等级	≤40	>40~100	>100~150		公称厚度或直径:12~150mm
Q390	B	20	19	18	+20	34
	C				0	
	D				−20	
Q420[a]	B	20	19	19	+20	34
	C					
Q460[a]	C	18	17	17	0	

注:a　仅适用于棒材产品。

　　Q235 和 Q275 有 A、B、C、D 四个等级,Q355 和 Q390 有 B、C、D 三个等级,Q420 有 B、C 两个等级,Q450 和 Q460 只有 C 级钢。

　　(3)除 A 级钢以外的钢材,碳当量(基于熔炼分析)CEV 按前文给出的公式(2.4)计算并应符合表 2.1 的规定。

（4）当需方要求保证厚度方向性能时，其硫含量应符合 GB/T 5313—2010[11]的规定，即对 Z15、Z25、Z35 的硫含量应分别小于等于 0.010%、0.007%、0.005%。

二、我国钢材标准与主要国外标准牌号对照

为适应日益扩大的国内外钢结构市场，除了部分进口国外钢材，国内钢厂也开始生产美标、欧标等钢材。表 2.7 给出了我国钢材标准 GB/T 34560.2—2017、GB/T 700—2006、GB/T 1591—2018 与国际标准化组织、欧洲、美国、日本的钢材标准中相近牌号对照，供学习、应用参考。表 2.7 牌号相近以屈服强度为参考依据，屈服强度数值相差 10 N/mm² 内为相近[3]。

表 2.7 国内外钢材标准牌号对照

GB/T 34560.2	GB/T 700—2006 GB/T 1591—2018	ISO 630 —2:2011	EN 10025 —2:2004	JIS G3101:2010 JIS G3106:2008	ASTM A283—13 ASTM A36—14
—	Q195	—	S185	—	—
—	—	SG205 A/B/C/D	—	SS330	Gr.C
—	Q215 A/B	—	—	—	—
Q235 A	Q235 A	—	—	—	Gr.D
Q235 B/C/D	Q235 B/C/D	S235 B/C/D	S235 JR/J0/J2	—	—
—	—	SG250 A/B/C/D	—	SS400 SM400 A/B/C	Gr36
Q275 A	Q275 A	—	—	—	—
Q275 B/C/D	Q275 B/C/D	S275 B/C/D	S275 JR/J0/J2	—	—
—	—	SG285 A/B/C/D	E295	SS490 SM490 A/B/C	Gr42
—	—	SG345 A/B/C/D	E335	—	—
Q355 B/C/D	Q355 B/C/D	S355 B/C/D	S355 JR/J0 /J2/K2	—	Gr42
—	—	—	E360	SM1490 YA/YB	—
Q390 B/C/D	Q390 B/C/D	—	—	—	—
Q420 B/C	Q420 B/C	—	—	—	—
Q450	—	S450	S450 J0	—	—
Q460C	Q460C	—	—	—	—

2.4　常用的钢材种类和规格

钢结构所用钢材常由钢厂以热轧钢板和热轧型钢供应，由钢结构制造厂按设计图纸制

成结构构件或扩大的构件,然后运到工地现场拼装和吊装。本节介绍钢板和型钢的种类与规格。

一、热轧钢板

热轧钢板厚度由 3mm 到 400mm[16]。钢结构中常用的热轧钢板厚度为 5mm 到 60mm,用以制作各种板结构和各种焊接组合工字形或箱形截面的构件,如图 2.10(c)~(e)所示。此外还可用作连接用的节点板、支座底板、加劲肋等的构件,是一种用途极为广泛的钢材。厚度大于 60mm 的钢板多用于超高层及大跨度钢结构。

除热轧钢板外,尚有热轧扁钢[17]和热轧薄板[18]。扁钢宽度较小(≤200mm),因此在结构中用处较少。厚度小于 3mm 的薄钢板,主要用以制作下面将介绍的冷弯薄壁型钢。

钢板的符号是"—厚度×宽度×长度"(也有采用把宽度写在厚度前面的标注方法,两者均可),例如:—8×400×3000,单位为 mm,常不加注明。数字前面的一短画线表示钢板截面。

二、热轧型钢[19][20]

我国生产的热轧型钢有等边角钢、不等边角钢、普通槽钢、普通工字钢、H 型钢和剖分 T 型钢等,如图 2.9 所示。

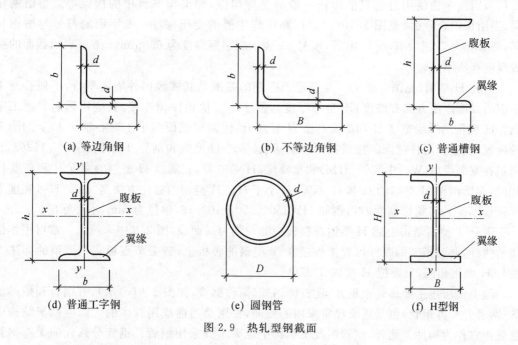

(a) 等边角钢　　　　(b) 不等边角钢　　　　(c) 普通槽钢

(d) 普通工字钢　　　　(e) 圆钢管　　　　(f) H 型钢

图 2.9　热轧型钢截面

单个热轧角钢常用作钢塔架的构件和次要的轴心受拉构件,配对成组合截面(如图 2.10(a)所示)使用时则可用作各种承重桁架的构件。角钢的符号为"∠边长×厚度"(等边角钢)或"∠长边×短边×厚度"。例如:∠110×10 或∠90×56×6。单位 mm 不必注明。

单个普通槽钢因是单轴对称截面,主要用作次要的受弯构件如檩条等。配对成组合截面(见图 2.10(b)),可用作主要的轴心受力构件。槽钢的符号为"[型号",例如:[22,型号 22

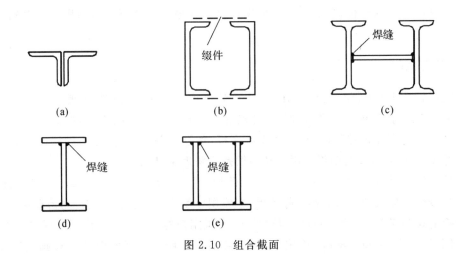

图 2.10　组合截面

代表槽钢的截面高度为 220mm。截面高度相同而腹板厚度不同时,则分别用 a、b 等予以区别。例如[32a、[32b 和[32c 三种截面的高度都是 320mm,但其腹板厚度不同,分别为8mm、10mm 和 12mm。

　　普通工字钢,由于其翼缘宽度较小,使其对截面两个主形心轴的惯性矩相差很大(即 I_x≫I_y),因而单独使用时也只能用作一般的受弯构件,如工作平台中的次梁等。与槽钢相同,当用作组合截面(见图 2.10(c))时,则可作主要的受压构件。工字钢的符号与槽钢相同,即"I型号",例如 I63a、I63b 等,型号 63 表示工字钢高度为 630mm,a、b 等表示截面的腹板厚度有所不同。

　　热轧 H 型钢(见图 2.9(f)),与普通工字钢的差别是其翼缘内外表面平行,不似普通工字钢的翼缘厚度方向有坡度(不是等厚度),便于与其他构件相连接,其应用远超普通工字钢。H 型钢的翼缘宽度 B 和截面高度 H 较接近,因而对截面两个主形心轴 x 和 y 的刚度较接近,适宜作为柱截面。按照我国国家标准《热轧 H 型钢和剖分 T 型钢》GB/T 11263,H型钢有宽翼缘(HW)、中翼缘(HM)和窄翼缘(HN)三种,宽翼缘 H 型钢的宽度 B 和高度 H 相同,而后两种 H 型钢的 B 和 H 不等,B 小于 H。H 型钢的标注方法是"高度 H×宽度 B×腹板厚度 t_1×翼缘厚度 t_2",例如 HW350×350×10×16,单位为 mm,不必标出。

　　剖分 T 型钢是由上述 H 型钢在腹板中部一剖为二而成,图 2.9 中未画出。常可用作桁架的弦杆,此时桁架的腹杆可直接焊接在 T 型钢的腹板上,省去节点板。T 型钢的标注方法与 H 型钢相同,只要把 H 换成 T 即可。

　　除上面所述主要热轧型钢外,还有圆钢管(简称钢管,如图 2.9(e)示)、方钢管和矩形钢管(两者并称方矩管)也是近来经常采用的截面,特别是当前应用较多的大跨度网架结构中更是用它作为构件。此外,钢管混凝土结构中也离不开采用钢管。钢管分热轧的无缝钢管和由钢板焊接而成的电焊钢管,前者的价格高于后者。钢管的符号为"φ外径×厚度",例如φ95×5,表示钢管外部直径为 95mm,壁厚为 5mm。

　　有关我国国家标准制定的热轧型钢规格及截面几何特性,见本书附录(部分摘录)。

三、冷弯薄壁型钢

　　冷弯薄壁型钢是由钢板经冷加工而成的型材,采用冷弯型钢机成型、压力机上模压成型或在弯曲机上弯曲成型。截面种类较多,有角钢、槽钢、Z 型钢、帽形钢、钢管等,其中前三种又可带卷边或不带卷边,如图 2.11 所示。这些型钢可单独使用,也可组合成组合截面。因厚度较薄,可使截面的刚度增大而得到更经济的截面。此外,目前已生产有防锈涂层的彩色压型钢板,可用作墙面和屋面等。

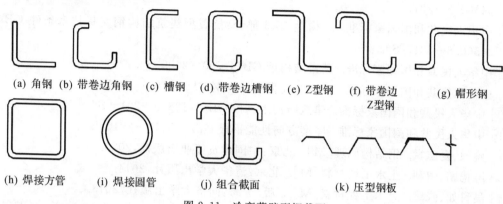

(a) 角钢　(b) 带卷边角钢　(c) 槽钢　(d) 带卷边槽钢　(e) Z 型钢　(f) 带卷边 Z 型钢　(g) 帽形钢

(h) 焊接方管　(i) 焊接圆管　(j) 组合截面　(k) 压型钢板

图 2.11　冷弯薄壁型钢截面

我国目前常用的冷弯薄壁型钢厚度在 2～6mm,截面的尺寸在我国还未定型,需用时要参照《冷弯薄壁型钢结构技术规范》(GB 50018—2002)的附录或生产厂家提供的产品目录。

由于薄壁型钢有其特殊性,如型材厚度较薄,受压时易失去局部稳定而需按有效截面计算,且整个构件易扭转失稳等,因此有关冷弯薄壁型钢的钢结构设计需另有上述专门的设计规范 GB 50018—2002 作出规定。冷弯薄壁型钢目前在我国的轻型建筑钢结构中应用广泛。

复习思考题

2.1 钢的力学性能主要有哪些? 它们是如何定义的?

2.2 钢的可焊性通常用什么来表示? 是如何估算的?

2.3 何谓钢的热处理? 常用热处理有哪几种? 热处理对钢材的性能有何影响?

2.4 何谓钢材的冷加工强化和时效强化? 它们对钢材的性能有何影响?

2.5 按我国钢材标准《结构钢》GB/T 34560.1～6—2017,结构钢分几类? 其中一般用途结构钢的技术要求与 GB/T 7100—2006 和 GB/T 1591—2018 中同样牌号的钢材有何不同?

参考资料

[1] 中华人民共和国国家标准. 钢结构设计标准和条文说明 GB 50017—2017[S]. 北京:中国建筑工业出版社,2018.

[2] 中华人民共和国国家标准. 结构钢 第 1 部分:热轧产品一般交货技术条件 GB/T 34560.1—2017[S].

[3] 中华人民共和国国家标准. 结构钢 第 2 部分:一般用途结构钢交货技术条件 GB/T 34560.2—2017[S].

[4] 中华人民共和国国家标准. 结构钢 第 3 部分:细晶粒结构钢交货技术条件 GB/T

34560.3—2017[S].

[5] 中华人民共和国国家标准. 结构钢 第 4 部分:淬火加回火高屈服强度结构钢板交货技术条件 GB/T 34560.4—2017[S].

[6] 中华人民共和国国家标准. 结构钢 第 5 部分:耐大气腐蚀结构钢交货技术条件 GB/T 34560.5—2017[S].

[7] 中华人民共和国国家标准. 结构钢 第 6 部分:抗震型建筑结构钢交货技术条件 GB/T 34560.6—2017[S].

[8] 中华人民共和国国家标准. 碳素结构钢 GB/T 700—2006[S].

[9] 中华人民共和国国家标准. 低合金高强度结构钢 GB/T 1591—2018[S].

[10] 中华人民共和国国家标准. 建筑结构用钢板 GB/T 19879—2015[S].

[11] 中华人民共和国国家标准. 厚度方向性能钢板 GB/T 5313—2010[S].

[12] 姚谏、夏志斌. 钢结构原理[M]. 北京:中国建筑工业出版社,2020.

[13] 陈德鹏、阎利. 土木工程材料[M]. 北京:清华大学出版社,2014.

[14] 吴科如、张雄. 土木工程材料[M].3 版. 上海:同济大学出版社,2013.

[15] 湖南大学、天津大学、同济大学、东南大学合编. 土木工程材料[M].2 版. 北京:中国建筑工业出版社,2011.

[16] 中华人民共和国国家标准. 热轧钢板和钢带的尺寸、外形、重量及允许偏差 GB/T 709—2019[S].

[17] 中华人民共和国国家标准. 热轧钢棒尺寸、外形、重量及允许偏差 GB/T 702—2017[S].

[18] 中华人民共和国国家标准. 碳素结构钢和低合金结构钢热轧薄钢板和钢带 GB 912—2008[S].

[19] 中华人民共和国国家标准. 热轧型钢 GB/T 706—2008[S].

[20] 中华人民共和国国家标准. 热轧 H 型钢和剖分 T 型钢 GB/T 11263—2017[S].

第3章 焊接材料基本知识

焊接材料是指在焊接过程中所消耗材料的通称,包括焊条、焊丝、焊剂、气体等。焊接材料不仅影响焊接过程的稳定、焊缝的质量和性能,同时还影响焊接的效率,因此焊接材料至关重要,不可轻视。

3.1 焊条

焊条是涂有药皮的供手工电弧焊使用的熔化电极。它一方面起传导电流并引燃电弧的作用,另一方面作为填充金属与熔化的母材结合形成焊缝。因此正确选用焊条,是获得优质焊缝的重要保证。

一、焊条的组成

焊条由焊芯和药皮组成,两端分别为夹持端和引弧端。图 3.1 所示为手工电弧焊的工作原理。

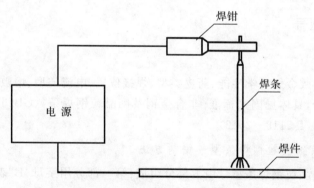

图 3.1 手工电弧焊示意简图

1. 焊芯

焊芯即焊条的金属芯,它一方面起传导电流和引燃电弧的作用,另一方面受热熔化作为焊缝的填充金属。通常,人们所说的焊条直径是指焊芯的直径,结构钢焊条直径从 $\phi1.6 \sim \phi8.0$mm 共有 10 种规格,生产中应用最多的是 $\phi3.2$、$\phi4.0$、$\phi5.0$ 规格。焊条长度是指焊芯的长度,一般在 $200 \sim 700$mm。

2. 药皮

压涂在焊芯表面上的涂料层称为药皮。涂料层是由粉料和黏结剂按一定比例配制而成的。焊条药皮在焊接中,主要有提高焊接电弧的稳定性、保护焊接熔池、补偿合金元素、提高焊接生产率等作用。因此,焊条药皮的主要组成物有稳弧剂、造渣剂、造气剂、脱氧剂、合金化元素、黏结剂等。

二、焊条的分类

1. 按焊条的用途分

在建筑钢结构中,通常有低碳钢和低合金高强度钢焊条(简称结构钢焊条),适用于低碳钢和低合金钢的焊接;不锈钢焊条,适用于不锈钢焊接;低温钢焊条,适用于低温下工作的钢的焊接;铝及铝合金焊条,适用于铝及铝合金的焊接、焊补或堆焊等。

2. 按焊条药皮熔化后的熔渣特性分

(1)酸性焊条,其熔渣的成分主要是酸性氧化物,如二氧化硅、二氧化钛、三氧化二铁等及其他在焊接时易放出氧的物质,具有较强的氧化性,促使合金元素氧化;同时,电弧里的氧电离后形成负离子与氢离子有很大的亲和力,生成氢氧根(OH^-)离子,从而防止了氢离子溶入熔化的金属里,所以这类焊条对铁锈不敏感,焊缝很少产生由氢引起的气孔,焊缝成形美观。

(2)碱性焊条,其熔渣的成分主要是碱性氧化物,如大理石、萤石等,并含有较多的铁合金作为脱氧剂和合金剂。碱性熔渣的脱氧较完全,且又能有效地清除焊缝中的硫。焊缝中合金元素的烧损较少,又能有效地进行合金化,所以焊缝金属的机械性能良好。主要用于重要的碳钢结构和合金钢结构的焊接。

三、焊条的型号

1. 型号划分

焊条型号按熔敷金属力学性能、药皮类型、焊接位置、电流类型、熔敷金属化学成分和焊后状态等进行划分,具体见国家标准《非合金钢及细晶粒钢焊条》(GB/T 5117—2012)[1]和《热强钢焊条》(GB/T 5118—2012)[2]。

2. 非合金钢及细晶粒钢焊条型号编制方法

非合金钢及细晶粒钢焊条型号由五部分组成:第一部分用字母"E"表示焊条;第二部分为字母"E"后面的紧邻两位数字,表示熔敷金属的最小抗拉强度代号,见表3.1;第三部分为字母"E"后面的第三和第四两位数字,表示药皮类型、焊接位置和电流类型,见表3.2;第四部分为熔敷金属的化学成分分类代号,可为"无标记"或短划"—"后的字母、数字或字母和数字的组合,见表3.3;第五部分为熔敷金属的化学成分代号之后的焊后状态代号,其中"无标记"表示焊态,"P"表示热处理状态,"AP"表示焊态和焊后热处理两种状态均可。

表 3.1 熔敷金属抗拉强度代号

抗拉强度代号	焊缝金属抗拉强度等级(N/mm^2)
43	430
50	490
55	550
57	570

表 3.2 药皮类型代号

代号	药皮类型	焊接位置[a]	电流类型
03	钛型	全位置[b]	交流和直流正、反接
10	纤维素	全位置	直流反接
11	纤维素	全位置	交流和直流反接
12	金红石	全位置[b]	交流和直流正接
13	金红石	全位置[b]	交流和直流正、反接
14	金红石＋铁粉	全位置[b]	交流和直流正、反接
15	碱性	全位置[b]	直流反接
16	碱性	全位置[b]	交流和直流反接
18	碱性＋铁粉	全位置[b]	交流和直流反接
19	钛铁矿	全位置[b]	交流和直流正、反接
20	氧化铁	PA、PB	交流和直流正接
24	金红石＋铁粉	PA、PB	交流和直流正、反接
27	氧化铁＋铁粉	PA、PB	交流和直流正、反接
28	碱性＋铁粉	PA、PB、PC	交流和直流反接
40	不做规定	由制造商确定	
45	碱性	全位置	直流反接
48	碱性	全位置	交流和直流反接

注:a 焊接位置见 GB/T 16672—1996[3],其中 PA＝平焊、PB＝平角焊、PC＝横焊、PG＝向下立焊;
　　b 此处"全位置"并不一定包含向下立焊,由制造商确定。

表 3.3 熔敷金属化学成分分类代号

分类代号	主要化学成分的名义含量(质量分数)(%)				
	Mn	Ni	Cr	Mo	Cu
无标记、－1、－P1、－P2	1.0	—	—	—	—
－1M3	—	—	—	0.5	—
－3M2	1.5	—	—	0.4	—

续表

分类代号	主要化学成分的名义含量(质量分数)(%)				
	Mn	Ni	Cr	Mo	Cu
—3M3	1.5	—	—	0.5	—
—N1	—	0.5	—	—	—
—N2	—	1.0	—	—	—
—N3	—	1.5	—	—	—
—3N3	1.5	1.5	—	—	—
—N5	—	2.5	—	—	—
—N7	—	3.5	—	—	—
—N13	—	6.5	—	—	—
—N2M3	—	1.0	—	0.5	—
—NC	—	0.5	—	—	0.4
—CC	—	—	0.5	—	0.4
—NCC	—	0.2	0.6	—	0.5
—NCC1	—	0.6	0.6	—	0.5
—NCC2	—	0.3	0.2	—	0.5
—G	其他成分				

除以上强制分类代号外,根据供需双方协商,可在型号后依次附加可选代号,比如字母"U"表示在规定试验温度下,冲击吸收能量可以达到 47J 以上;扩散氢代号"HX",其中 X 代表 15、10 或 5,分别表示每 100g 熔敷金属中扩散氢含量的最大值(mL)。

举例:

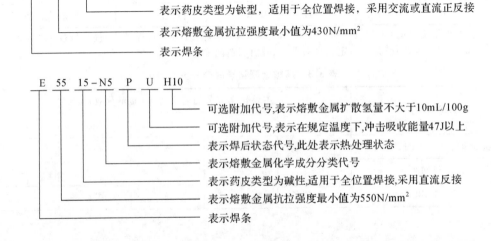

3.热强钢焊条型号编制方法

热强钢焊条的型号编制方法与非合金钢及细晶粒钢焊条型号编制方法相似,由四部分组成:第一部分用字母"E"表示焊条;第二部分为字母"E"后面的紧邻两位数字,表示熔敷金属的最小抗拉强度代号,见表3.4;第三部分为字母"E"后面的第三和第四两位数字,表示药皮类型、焊接位置和电流类型,见表3.5;第四部分为熔敷金属的化学成分分类代号,见表3.6。

表 3.4　熔敷金属抗拉强度代号

抗拉强度代号	焊缝金属抗拉强度等级(N/mm²)
50	490
52	520
55	550
62	620

表 3.5　药皮类型代号

代号	药皮类型	焊接位置[a]	电流类型
03	钛型	全位置[c]	交流和直流正、反接
10[b]	纤维素	全位置	直流反接
11[b]	纤维素	全位置	交流和直流反接
13	金红石	全位置[c]	交流和直流正、反接
15	碱性	全位置[c]	直流反接
16	碱性	全位置[c]	交流和直流反接
18	碱性＋铁粉	全位置(PG除外)	交流和直流反接
19[b]	钛铁矿	全位置[c]	交流和直流正、反接
20[b]	氧化铁	PA、PB	交流和直流正接
27[b]	氧化铁＋铁粉	PA、PB	交流和直流正接
40	不做规定	由制造商确定	

注:a　焊接位置见 GB/T 16672,其中 PA＝平焊、PB＝平角焊、PG＝向下立焊;
　　b　仅限于熔敷金属化学成分代号 1M3;
　　c　此处"全位置"并不一定包含向下立焊,由制造商确定。

表 3.6　熔敷金属化学成分分类代号

分类代号	主要化学成分的名义含量
−1M3	此类焊条中含有 Mo,Mo 是在非合金钢焊条基础上的唯一添加合计元素。数字 1 约等于名义上 Mn 含量两倍的整数,字母"M"表示 Mo,数字 3 表示 Mo 的名义含量,大约 0.5%

续表

分类代号	主要化学成分的名义含量
$-\times C\times M\times$	对于含铬-钼的热强钢,标识"C"前的整数表示 Cr 的名义含量,"M"前的整数表示 Mo 的名义含量。对于 Cr 或者 Mo,如果名义含量少于 1%,则字母前不标识数字。如果在 Cr 和 Mo 之外还加入了 W、V、B、Nb 等合金成分,则按照此顺序,加于铬和钼标记之后。标识末尾的"L"表示含碳量较低。最后一个字母后的数字表示成分有所改变
$-G$	其他成分

除以上强制分类代号外,根据供需双方协商,可在型号后附加扩散氢代号"HX",其中 X 代表 15、10 或 5,分别表示每 100g 熔敷金属中扩散氢含量的最大值(mL)。

举例:

E　62　15-2C1M　H10

可选附加代号,表示熔敷金属扩散氢量不大于10mL/100g
表示熔敷金属化学成分分类代号
表示药皮类型为碱性,适用于全位置焊接,采用直流反接
表示熔敷金属抗拉强度最小值为620N/mm²
表示焊条

四、焊条的牌号

1.焊条牌号编制方法

焊条的牌号是对于焊条产品的具体命名,属于同一药皮类型,符合相同焊条型号、性能的产品统一命名为同一个牌号。

钢结构中焊条牌号的编制方法是:牌号前加"结"或者"J",表示结构钢焊条;第一、第二位数字表示焊缝金属的抗拉强度等级;第三位数字表示药皮类型和电源种类。焊条有特殊性能和用途的,则在牌号后面加注起主要作用的元素或主要用途的汉字(一般不超过两个)。

举例:

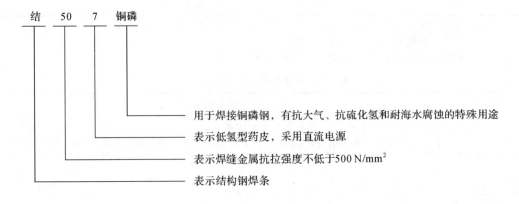

结　50　7　铜磷

用于焊接铜磷钢,有抗大气、抗硫化氢和耐海水腐蚀的特殊用途
表示低氢型药皮,采用直流电源
表示焊缝金属抗拉强度不低于500 N/mm²
表示结构钢焊条

2.常用焊条牌号和型号的对照

常用焊条牌号和型号的对照见表3.7。

表 3.7　常用焊条牌号和型号对照表

牌号	型号	牌号	型号
结 422	E4303	结 507	E5015
结 426	E4316	结 557	E5515
结 427	E4315	结 606	E6016
结 502	E5003	结 607	E6015
结 506	E5016	结 707	E7015

五、焊条的正确使用和保管

1.焊条的吸潮性

焊条药皮中的成分特别容易吸潮。

2.焊条的焊前再烘干

焊条在出厂前经过高温烘干,并用防潮材料以袋、筒、罐等形式包装,起到一定的防止药皮吸潮作用。为确保焊接质量,焊接使用前须按产品说明书的规定进行再烘干,施焊时应将焊条放入保温桶内,随用随取。

3.焊条的保管

焊条必须包装完好,产品说明书、合格证和质量保证书等应齐全,必要时按有关标准进行复验,合格后才许入库。

焊条应存放在专用仓库内,库内应干燥、整洁和通风良好。

焊条要有严格的发放制度,做好记录。

3.2　焊剂

焊剂是焊接时能够熔化形成熔渣和气体,对熔化金属起保护和冶金处理作用的一种颗粒状物质。

一、焊剂的分类

焊剂有许多分类方法,常用的有以下几种分类。

1．按焊剂制造方法分类

熔炼焊剂:将一定比例的各种配料放在炉内熔炼,然后经过水冷粒化、烘干、筛选而制成的焊剂。

烧结焊剂:将一定比例的各种粉状配料加入适量黏结剂,混合搅拌后经高温(400～

1000℃)烧结成块,经过粉碎、筛选而制成的焊剂。

陶质焊剂:制造方法与烧结焊剂相似,但不经烧结,只经低温 400℃ 以下烘干而制成的焊剂。

2. 按焊剂化学成分分类

按化学成分分类是以焊剂中的 MnO、SiO_2 和 CaF_2 含量多少分类。其主要成分含量和焊剂类型列于表 3.8 中。

表 3.8　按主要成分含量的焊剂分类

按 SiO_2 含量		按 MnO 含量		按 CaF_2 含量	
焊剂类型	含量(%)	焊剂类型	含量(%)	焊剂类型	含量(%)
高硅	>30	高锰	>30	高氟	>30
中硅	10~30	中锰	15~30	中氟	10~30
低硅	<10	低锰	2~15	低氟	<10
—	—	无锰	<2	—	—

3. 按焊剂用途分类

根据焊剂使用的焊接方法可分为埋弧焊焊剂和电渣焊焊剂。

除了以上分类方法,还有按焊剂的碱度、焊剂的颗粒度、焊剂的颗粒结构等分类。

二、焊剂的型号

1. 型号划分

焊剂型号按焊接方法、制造方法、焊剂类型和适用范围等进行划分,具体见国家标准《埋弧焊和电渣焊用焊剂》(GB/T 36037—2018)[4]。

2. 型号编制方法

埋弧焊和电渣焊焊剂型号由四部分组成:第一部分表示焊剂的焊接方法,字母"E"表示适用于埋弧焊,"ES"表示适用于电渣焊;第二部分表示焊剂制造方法,字母"F"表示熔炼焊剂,"A"表示烧结焊剂,"M"表示混合焊剂;第三部分表示焊剂类型代号,见表 3.9;第四部分表示焊剂适用范围代号,见表 3.10。

除以上强制分类代号外,根据供需双方协商,可在型号后依次附加可选代号,比如冶金性能代号,用数字、元素符号及其组合表示焊剂烧损或增加合金的程度,见表 3.11;电流类型代号,用字母表示,"DC"表示适用于直流焊接,"AC"表示适用于交流和直流焊接;扩散氢代号"HX",其中 X 可以是数字 2、4、5、10 或 15,分别表示每 100g 熔敷金属中扩散氢含量的最大值(mL)。

表 3.9　焊剂类型代号及主要化学成分

焊剂类型代号	主要化学成分(质量分数)(%)	
MS (硅锰型)	$MnO+SiO_2$	≥50
	CaO	≤15
CS (硅钙型)	$CaO+MgO+SiO_2$	≥55
	$CaO+MgO$	≥15
CG (镁钙型)	$CaO+MgO$	5～50
	CO_2	≥2
	Fe	≤10
CB (镁钙碱型)	$CaO+MgO$	30～80
	CO_2	≥2
	Fe	≤10
CG-1 (铁粉镁钙型)	$CaO+MgO$	5～45
	CO_2	≥2
	Fe	15～60
CB-1 (铁粉镁钙碱型)	$CaO+MgO$	10～70
	CO_2	≥2
	Fe	15～60
GS (硅镁型)	$CaO+MgO$	≥42
	Al_2O_3	≤20
	$CaO+CaF_2$	≤14
ZS (硅锆型)	ZrO_2+SiO_2+MnO	≥45
	ZrO_2	≥15
RS (硅钛型)	TiO_2+SiO_2	≥50
	TiO_2	≥20
BA (碱铝型)	$Al_2O_3+CaF_2+SiO_2$	≥55
	CaO	≥8
	SiO_2	≤20
AR(铝钛型)	$Al_2O_3+TiO_2$	≥40
AAS (硅铝酸型)	$Al_2O_3+SiO_2$	≥50
	CaF_2+MgO	≥20

续表

焊剂类型代号	主要化学成分(质量分数)(%)	
AB (铝酸型)	$Al_2O_3+CaO+MgO$	≥40
	Al_2O_3	≥20
	CaF_2	≤22
AS (硅铝型)	$Al_2O_3+SiO_2+ZrO_2$	≥40
	CaF_2+MgO	≥30
	ZrO_2	≥5
AF(铝氟碱型)	$Al_2O_3+CaF_2$	≥70
FB (铁粉镁钙型)	$CaO+MgO+CaF_2+MnO$	≥50
	SiO_2	≤20
	CaF_2	≥15
G[a]	其他协定成分	

注:主要化学成分的确定参见 GB/T 36037—2018 附录 A,焊剂类型说明参见附录 B。

a 表中未列出的焊剂类型可用相类似的符号表示,词头加字母"G",化学成分范围不进行规定,两种分类之间不可替换。

表 3.10 焊剂适用范围代号

代号[a]	适用范围
1	用于非合金钢及细晶粒钢、高强钢、热强钢和耐候钢,适合于焊接接头和/或堆焊 在接头焊接时,一些焊剂可应用于多道焊和单/双道焊
2	用于不锈钢和/或镍及镍合金,主要适用于接头焊接,也能用于带极堆焊
2B	用于不锈钢和/或镍及镍合金,主要适用于带极堆焊
3	主要适用于耐磨堆焊
4	1类~3类都不适用的其他焊剂,例如铜合金用焊剂

注:a 由于匹配的焊丝、焊带或应用条件不同,焊剂按此划分的适用范围代号可能不止一个,在型号中应至少标出一种适用范围代号。

表 3.11 1类适用范围焊剂的冶金性能代号

冶金性能	代号	化学成分差值(质量分数)(%)	
		Si	Mn
烧损	1	——	>0.7
	2	——	0.5~0.7
	3	——	0.3~0.5
	4	——	0.1~0.3
中性	5	0~0.1	

续表

冶金性能	代号	化学成分差值（质量分数）（%）	
		Si	Mn
增加	6	0.1～0.3	
	7	0.3～0.5	
	8	0.5～0.7	
	9	＞0.7	

举例：

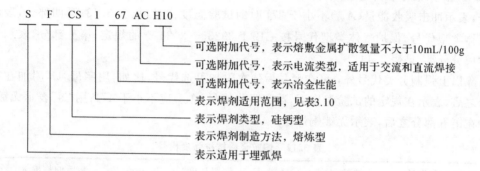

S　F　CS　1　67　AC　H10

可选附加代号，表示熔敷金属扩散氢量不大于10mL/100g
可选附加代号，表示电流类型，适用于交流和直流焊接
可选附加代号，表示冶金性能
表示焊剂适用范围，见表3.10
表示焊剂类型，硅钙型
表示焊剂制造方法，熔炼型
表示适用于埋弧焊

三、对焊剂的质量要求

1. 能保证电弧稳定燃烧。
2. 保证焊缝金属能获得所需的化学成分和机械性能。
3. 能有效地脱硫、磷，对油、锈的敏感性小，不致使焊缝中产生裂纹和气孔。
4. 焊接时，无有害气体析出。
5. 有合适的熔化温度及高温时有适当的黏度，以利于焊缝有良好的成形，凝固冷却后有良好的脱渣性。
6. 不易吸潮和颗粒有足够的强度，以保证焊剂的多次使用。焊剂的颗粒度应适宜，粒度大小应根据电流值大小选择，电流大时应选用细颗粒焊剂，否则焊缝外形不良。电流小时应选用粗粒度焊剂，否则，透气性不好，焊缝表面易出现麻坑。一般粒度为 8～40 目，细粒度时为 14～80 目。

3.3　焊丝

焊接时作为传导电流、熔化后作为填充金属的金属丝称为焊丝。它是广泛使用的焊接材料，根据焊接方法的不同，焊丝分为埋弧焊用焊丝、电渣焊用焊丝、气体保护焊用焊丝等。按焊丝的截面形状结构，又分为实芯焊丝和药芯焊丝。

一、熔化极气体保护焊用实心焊丝

1. 型号划分

依据国家标准《熔化极气体保护电弧焊用非合金钢及细晶粒钢实心焊丝》(GB/T 8110—2020)[5]，焊丝型号按熔敷金属力学性能、焊后状态、保护气体类型和焊丝化学成分进行划分。

2. 型号编制方法

焊丝型号由五部分组成：第一部分，用字母"G"表示熔化极气体保护电弧焊用实心焊丝；第二部分，表示在焊态、焊后热处理条件下，熔敷金属的抗拉强度代号，见表 3.12；第三部分，表示冲击吸收能量(A_{kv})不小于 27J 时的试验温度代号，见表 3.13；第四部分，表示保护气体类型代号，保护气体类型代号按 GB/T 39255—2020[6]的规定；第五部分，表示焊丝化学成分分类，见表 3.14。

除以上强制分类代号外，可在型号后依次附加可选代号，比如，用字母"U"附加在第三部分之后，表示在规定的试验温度下，冲击吸收能量(A_{kv})应不小于 47J；用"N"表示无镀铜，附加在第五部分之后，表示无镀铜焊丝。

表 3.12　熔敷金属抗拉强度代号

抗拉强度代号[a]	抗拉强度 f_u(N/mm²)	屈服强度[b] f_y(N/mm²)	断后伸长率 δ（%）
43×	430～600	≥330	≥20
49×	490～670	≥390	≥18
55×	550～740	≥460	≥17
57×	570～770	≥490	≥17

注：a　×代表"A"、"P"或者"AP"，"A"表示焊态，"P"表示热处理状态，"AP"表示焊态和焊后热处理两种状态均可。
　　b　当屈服发生不明显时，应测定规定塑性延伸强度 $f_{0.2}$。

表 3.13　冲击试验温度代号(简化表)

冲击试验温度代号	冲击吸收能量(A_{kv})不小于 27J 时的试验温度(℃)[a]
Z	无要求
Y	+20
0	0
2	−20
……	……
7H	−75
10	−100

注：a　如果冲击试验温度代号后附件了字母"U"，则冲击吸收能量(A_{kv})不小于 47J。

表 3.14　焊丝化学成分(部分)

序号	化学成分分类	焊丝成分代号	化学成分(质量分数)ᵃ(%)										
			C	Mn	Si	P	S	Ni	Cr	Mo	V	Cuᵇ	Al	Ti+Zr
1	S2	ER50—2	0.07	0.90 ~ 1.40	0.40 ~ 0.70	0.025	0025	0.15	0.15	0.15	0.03	0.50	0.05 ~ 0.15	Ti：0.05~0.15 Zr：0.02~0.12
2	S3	ER50—3	0.06 ~ 0.15	0.90 ~ 1.40	0.45 ~ 0.75	0.025	0025	0.15	0.15	0.15	0.03	0.50	—	—
3	S4	ER50—4	0.06 ~ 0.15	1.00 ~ 1.50	0.65 ~ 0.85	0.025	0025	0.15	0.15	0.15	0.03	0.50	—	—
4	S6	ER50—6	0.06 ~ 0.15	1.40 ~ 1.85	0.80 ~ 1.15	0.025	0025	0.15	0.15	0.15	0.03	0.50	—	—
5	S7	ER50—7	0.07 ~ 0.15	1.50 ~ 2.00	0.50 ~ 0.80	0.025	0025	0.15	0.15	0.15	0.03	0.50	—	—
6	S10	ER49—1	0.11	1.80 ~ 2.10	0.65 ~ 0.95	0.025	0025	0.30	0.20	—		0.50	—	—
……	……													
15	S1M3	ER49 —A1	0.12	1.30	0.30 ~ 0.70	0.025	0025	0.20	—	0.40 ~ 0.65		0.35	—	—
……	……													
46	SN3MC	—	0.10	1.60	0.65	0.020	0.010	2.80 ~ 3.80	0.05 ~ 0.50	—		0.20 ~ 0.70	—	—
47	Z×ᶜ	—	其他协定成分											

注 1：表中单值均为最大值。

注 2：表中列出的"焊丝成分代号"是为便于实际使用对照。

　a　化学分析应按表中规定的元素进行分析。如在分析过程中发现其他元素,这些元素的总量(除铁外)不应超过 0.50%。

　b　Cu 含量包含镀铜层中的含量。

　c　表中未列出的分类可用相类似的分类表示,词头加字母"Z"。化学成分范围不进行规定,两种分类之间不可替换。

举例：

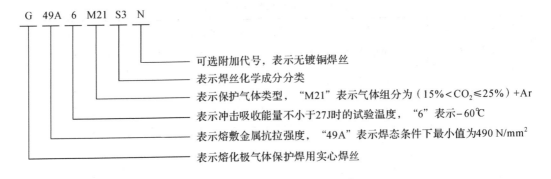

可选附加代号，表示无镀铜焊丝
表示焊丝化学成分分类
表示保护气体类型，"M21"表示气体组分为（15%＜CO_2≤25%）+Ar
表示冲击吸收能量不小于27J时的试验温度，"6"表示–60℃
表示熔敷金属抗拉强度，"49A"表示焊态条件下最小值为490 N/mm^2
表示熔化极气体保护焊用实心焊丝

二、药芯焊丝

1. 型号划分

依据国家标准《非合金钢及细晶粒钢药芯焊丝》(GB/T 10045—2018)[7]，焊丝型号按力学性能、使用特性、焊接位置、保护气体类型、焊后状态和熔敷金属化学成分等进行划分。

2. 型号编制方法

焊丝型号由八部分组成：第一部分，用字母"T"表示药芯焊丝；第二部分，表示多道焊焊态或焊后热处理条件下，熔敷金属抗拉强度代号，见表3.15，或者表示单道焊时焊态条件下，焊接接头的抗拉强度代号，表3.16；第三部分，表示冲击吸收能量（A_{kv}）不小于27J时的试验温度代号，见表3.13，单道焊的焊丝无此代号；第四部分，表示使用特性代号，见表3.17；第五部分，表示焊接位置代号，见表3.18；第六部分，表示保护气体类型代号，自保护是"N"，保护气体类型代号按ISO14175的规定，单道焊焊丝在其后加"S"；第七部分，表示焊后状态代号，"A"为焊态，"P"为焊后热处理状态，"AP"均可；第八部分，表示熔敷金属化学成分分类，见表3.19。

除以上强制分类代号外，可在型号后依次附加可选代号，比如，用字母"U"表示在规定的试验温度下，冲击吸收能量（A_{kv}）应不小于47J；用"HX"表示扩散氢代号，其中 X 可以是数字5、10 或15，分别表示每100g 熔敷金属中扩散氢含量的最大值（mL）。

表 3.15 多道焊熔敷金属抗拉强度代号

抗拉强度代号	抗拉强度 f_u（N/mm^2）	屈服强度^a f_y（N/mm^2）	断后伸长率 δ（%）
43	430～600	≥330	≥20
49	490～670	≥390	≥18
55	550～740	≥460	≥17
57	570～770	≥490	≥17

注：a 当屈服发生不明显时，应测定规定塑性延伸强度。

表 3.16　单道焊焊接接头抗拉强度代号

抗拉强度代号	抗拉强度 f_u(N/mm²)	抗拉强度代号	抗拉强度 f_u(N/mm²)
43	≥430	55	≥550
49	≥490	57	≥570

表 3.17　使用特性代号

使用特性代号	保护气体	电流类型	熔滴过渡形式	药芯类型	焊接位置[a]	特性	焊接类型
T1	要求	直流反接	喷射过渡	金红石	0 或 1	飞溅少,平或微凸焊道,熔敷速度高	单和多道焊
T2	要求	直流反接	喷射过渡	金红石	0	与 T1 相似,高锰和/或高硅提高性能	单道焊
T3	不要求	直流反接	粗滴过渡	不规定	0	焊接速度极高	单道焊
T4	不要求	直流反接	粗滴过渡	碱性	0	熔敷速度极高,优异的抗热裂性能,熔深小	单和多道焊
T5	要求	直流反接	粗滴过渡	氧化钙-氟化物	0 或 1	微凸焊道,不能完全覆盖焊道的薄渣,与 T1 相比冲击性能好,有较好的抗冷裂和抗热裂性能	单和多道焊
T6	不要求	直流反接	喷射过渡	不规定	0	冲击韧性好,焊缝根部熔透性好,深坡口中仍有优异的脱渣性能	单和多道焊
T7	不要求	直流正接	细熔滴到喷射过渡	不规定	0 或 1	熔敷速度高,优异的抗热裂性能	单和多道焊
T8	不要求	直流正接	细熔滴到喷射过渡	不规定	0 或 1	良好的低温冲击韧性	单和多道焊
T10	不要求	直流正接	细熔滴过渡	不规定	0	任何厚度上具有高熔敷速度	单道焊
T11	不要求	直流正接	喷射过渡	不规定	0 或 1	一些焊丝设计仅用于薄板焊接,制造商需要给出板厚限制	单和多道焊
T12	要求	直流反接	喷射过渡	金红石	0 或 1	与 T1 相似,提高冲击韧性和低锰要求	单和多道焊
T13	不要求	直流正接	短路过渡	不规定	0 或 1	用于有根部间隙焊道的焊接	单道焊
T14	不要求	直流正接	喷射过渡	不规定	0 或 1	涂层、镀层薄板上进行高速焊接	单道焊
T15	要求	直流反接	微细熔滴喷射过渡	金属粉型	0 或 1	药芯含有合金和铁粉,熔渣覆盖率低	单和多道焊
TG						供需双方协定	

注:焊丝的使用特性说明参见 GB/T 10045—2018 附录 E。

a　见表 3.19。

b　在直流正接下使用,可改善不利位置的焊接性,由制造商推荐电流类型。

表 3.18   焊接位置代号

焊接位置代号	焊接位置[a]
0	PA、PB
1	PA、PB、PC、PD、PE、PF 和/或 PG

注:a   焊接位置见 GB/T 16672—1996,其中 PA=平焊、PB=平角焊、PC=横焊、PD=仰角焊、PE=
仰焊、PF=向上立焊、PG=向下立焊。

表 3.19   熔敷金属化学成分(部分)

化学成分分类	化学成分(质量分数)[a](%)										
	C	Mn	Si	P	S	Ni	Cr	Mo	V	Cu	Al[b]
无标记	0.18[c]	2.00	0.90	0.030	0.030	0.50[d]	0.20[d]	0.30[d]	0.08[d]	—	2.0
K	0.20	1.60	1.00	0.030	0.030	0.50[d]	0.20[d]	0.30[d]	0.08[d]		
2M3	0.12	1.50	0.80	0.030	0.030	—	—	0.40~0.65			1.8
3M2	0.15	1.25~2.00	0.80	0.030	0.030			0.25~0.55			1.8
N1	0.12	1.75	0.80	0.030	0.030	0.30~1.00	—	0.35			1.8
N2	0.12	1.75	0.80	0.030	0.030	0.80~1.20		0.35			1.8
......											1.8
NCC	0.12	0.60~1.40	0.20~0.80	0.030	0.030	0.10~0.45	0.45~0.75			0.30~.075	1.8
......											1.8
N3M2	0.15	2.00	0.80	0.030	0.030	1.00~2.00	0.20	0.20~0.65	0.05	—	1.8
GX[e]	其他协定成分										

注:表中单值均为最大值。
   a   如有意添加 B 元素,应进行分析。
   b   只适用于自保护焊丝。
   c   对于自保护焊丝,C≤0.30%。
   d   这些元素如果是有意添加的,应进行分析。
   e   表中未列出的分类可用相类似的分类表示,词头加字母"G"。化学成分范围不进行规定,两种
       分类之间不可替换。

举例:

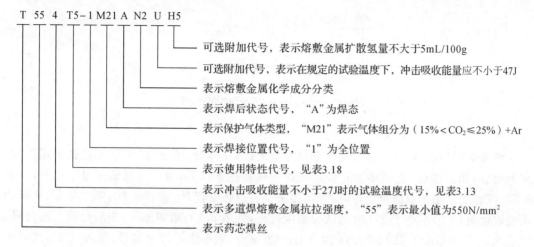

T 55 4 T5-1 M21 A N2 U H5

- 可选附加代号，表示熔敷金属扩散氢量不大于5mL/100g
- 可选附加代号，表示在规定的试验温度下，冲击吸收能量应不小于47J
- 表示熔敷金属化学成分分类
- 表示焊后状态代号，"A"为焊态
- 表示保护气体类型，"M21"表示气体组分为（15%＜CO_2≤25%）+Ar
- 表示焊接位置代号，"1"为全位置
- 表示使用特性代号，见表3.18
- 表示冲击吸收能量不小于27J时的试验温度代号，见表3.13
- 表示多道焊熔敷金属抗拉强度，"55"表示最小值为550N/mm^2
- 表示药芯焊丝

3.药芯焊丝的种类

（1）药芯焊丝按制造原材料和制造工艺分类，有带卷式、盘条轧制式和无缝钢管轧拨式三种。从成本、工艺考虑，国内目前以带卷式为主。

（2）药芯焊丝按断面形式分类，有 O 型、T 型、E 型、梅花型、双层保护形式等。图 3.2 为三种常用断面形式示意图。

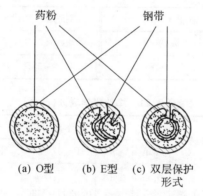

药粉   钢带

(a) O型   (b) E型   (c) 双层保护形式

图3.2 药芯焊丝断面形式示例

（3）药芯焊丝按熔渣性质分类，可分为酸性和碱性（或称氧化钛型和氟钙型）。目前常用的为酸性或钛型、钛钙型。

三、埋弧焊用焊丝分类要求

依据国家标准《埋弧焊用非合金钢及细晶粒钢实心焊丝、药芯焊丝和焊丝-焊剂组合分类要求》(GB/T 5293—2018)[8]，埋弧焊用焊丝有以下分类。

1. 实心焊丝分类

实心焊丝型号按照化学成分进行划分，其中字母"SU"表示埋弧焊实心焊丝，"SU"后数字或数字与字母的组合表示其化学成分分类。

举例：

2. 焊丝-焊剂组合分类

埋弧焊用焊丝-焊剂组合分类由五部分组成:第一部分,用字母"S"表示埋弧焊用焊丝-焊剂组合;第二部分,表示多道焊焊态或焊后热处理条件下,熔敷金属抗拉强度代号,见表3.12,或者表示用于双面单道焊时,焊接接头的抗拉强度代号,见表3.20;第三部分,表示冲击吸收能量(A_{kv})不小于27J时的试验温度代号,见表3.13;第四部分,表示焊剂类型代号,见表3.9,详见 GB/T 5293—2018 附录B;第五部分,表示实心焊丝型号,见表3.21,或者药芯焊丝-焊剂组合的熔敷金属化学成分分类,见表3.22。

除以上强制分类代号外,可在组合分类中附加可选代号,比如,用字母"U"表示在规定的试验温度下,冲击吸收能量(A_{kv})应不小于47J;用"HX"表示扩散氢代号,其中 X 可以是数字2、4、5、10或15,分别表示每100g熔敷金属中扩散氢含量的最大值(mL)。

表 3.20　双面单道焊焊接接头抗拉强度代号

抗拉强度代号	抗拉强度 f_u(N/mm²)	抗拉强度代号	抗拉强度 f_u(N/mm²)
43S	≥430	55S	≥550
49S	≥490	57S	≥570

表 3.21　焊丝化学成分(部分)

焊丝型号	冶金牌号分类	化学成分(质量分数)[a](%)								
		C	Mn	Si	P	S	Ni	Cr	Mo	Cu[b]	其他
SU08	H08	0.10	0.25～0.60	0.10～0.25	0.030	0.030	—	—	—	0.35	—
SU08A[c]	H08A[c]	0.10	0.40～0.65	0.03	0.030	0.030	0.30	0.20	—	0.35	—
……											
SU26	H08Mn	0.10	0.80～1.10	0.07	0.030	0.030	0.30	0.20	—	0.35	—
……											
SU45	H08Mn2SiA	0.11	1.80～2.10	0.65～0.95	0.030	0.030	0.30	0.20	—	0.35	—

续表

焊丝型号	冶金牌号分类	化学成分(质量分数)[a](%)									
		C	Mn	Si	P	S	Ni	Cr	Mo	Cu[b]	其他
……											
SU4M31	H10Mn2SiMo	0.05 ~ 0.15	1.60 ~ 2.10	0.50 ~ 0.80	0.025	0025	0.15	0.15	0.40 ~ 0.60	0.40	—
……											
SUN4M1[d]	H15MnNi2Mo [d]	0.12 ~ 0.19	0.60 ~ 1.00	0.10 ~ 0.30	0.015	0030	1.60 ~ 2.10	0.20	0.10 ~ 0.30	0.35	
Z×[c]	—	其他协定成分									

注:表中单值均为最大值。

a　化学分析应按表中规定的元素进行分析。如在分析过程中发现其他元素,这些元素的总量(除铁外)不应超过 0.50%。

b　Cu 含量包含镀铜层中的含量。

c　根据供需双方协议,此类焊丝非沸腾钢允许硅含量不大于 0.07%。

d　此类焊丝也列于 GB/T 36034—2018[9]中。

e　此类焊丝也列于 GB/T 12470—2018[10]中。

f　表中未列出的焊丝型号可用相类似的型号表示,词头加字母"SUG"。表中未列出的焊丝冶金牌号可用相类似的冶金牌号分类表示,词头加字母"HG"。化学成分范围不进行规定,两种分类之间不可替换。

表 3.22　药芯焊丝–焊剂组合熔敷金属化学成分(部分)

化学成分分类	化学成分(质量分数)[a](%)									
	C	Mn	Si	P	S	Ni	Cr	Mo	Cu[b]	其他
TU3M	0.15	1.80	0.90	0.035	0.035	—	—	—	0.35	—
……										
TUN2	0.12[c]	0.16[c]	0.80	0.030	0.025	0.75~1.10	0.15	0.35	0.35	Ti+V+Zr:0.05
TUN5	0.12[c]	0.16[c]	0.80	0.030	0.025	2.00~2.90	—		0.35	
TUN7	0.12	0.16	0.80	0.030	0.025	2.80~3.80	0.15		0.35	
……										
TUNCC	0.12	0.50~1.60	0.80	0.035	0030	0.40~0.80	0.45~0.70		0.30~0.75	
TUG[e]	其他协定成分									

注:表中单值均为最大值。

a　化学分析应按表中规定的元素进行分析。如在分析过程中发现其他元素,这些元素的总量(除铁外)不应超过 0.50%。

b　该分类也列于 GB/T 12470 中,熔敷金属化学成分要求一致,但分类名称不同。

c　该分类当 C 最大含量限制在 0.10%时,允许 Mn 含量不大于 1.80%。

d　该分类也列于 GB/T 36034 中。

e　表中未列出的分类可用相类似的分类表示,词头加字母"TUG"。化学成分范围不进行规定,两种分类之间不可替换。

举例：

S　55A　8U　AB　TUN7

表示药芯焊丝–焊剂组合熔敷金属的化学成分分类
表示焊剂类型
表示冲击吸收能量不小于47J时的试验温度为–80℃
表示在焊态下多道焊熔敷金属抗拉强度最小要求值为550N/mm²
表示埋弧焊用焊丝–焊剂组合

四、药芯焊丝的特性

1. 焊接飞溅小。由于药芯焊丝中加入了稳弧剂而使电弧稳定燃烧，熔滴为均匀的喷射状过渡，所以焊接飞溅很少，并且飞溅颗粒也小，减少了清理焊缝的工时。

2. 焊缝成形美观。药芯焊丝熔化时所产生的熔渣对于焊缝成形起着良好的作用。

3. 熔敷速度高于实心焊丝。由于药芯焊丝的电流密度高，所以焊丝熔化速度快。

4. 可进行全位置焊接，并可以采用较大的焊接电流，如 φ1.2mm 焊丝，其电流可达 280A。

3.4　常用钢材的焊接材料选用原则

常用钢材的焊接材料可依据国家标准《钢结构焊接规范》(GB 50661—2011)[11]的规定选用，见表 3.23。

一、焊接材料选用的主要原则

1. 等强度原则

对于结构钢(包括低、中碳钢和低合金钢)的焊接，一般按母材的强度等级选择相应强度等级的焊接材料，以满足焊缝与母材等强度的要求。

2. 等成分原则

对于耐热钢和不锈钢等有特殊性能要求的钢种的焊接，应选择能使焊缝金属主要合金成分与母材相同或相近的焊接材料进行焊接，以使焊缝金属仍具有母材的特殊性能。如铬镍不锈钢的焊接，应选用相应成分的铬镍不锈钢焊条来焊接，以使焊缝也具有不锈、耐蚀等的特殊性能。

3. 等条件原则

根据工件或焊接结构的工作条件和特点来选择焊接材料。如焊件需承受动载荷、冲击载荷或焊件板厚、截面大、连接节点复杂、刚性大时应选用冲击韧性较高的低氢型碱性焊条，以提高焊接接头抗冷裂性能。

4.对于由不同强度等级钢材组成的焊接接头,则应按强度级别较低的母材来选用焊接材料。如 Q235 钢材和 Q355 钢材焊接时,应按强度级别较低的 Q235 来选用焊条,因此选用 E43 系列焊条即可。

表 3.23 是由国家标准《钢结构焊接规范》(GB 50661—2011)提供的常用结构钢材的焊接材料的选配表。

本章第 1~3 节介绍的焊接材料是基于建筑钢结构现行国家标准《非合金钢及细晶粒钢焊条》(GB/T 5117—2012)、《热强钢焊条》(GB/T 5118—2012)、《埋弧焊和电渣焊用焊剂》(GB/T 36037—2018)、《熔化极气体保护电弧焊用非合金钢及细晶粒钢实心焊丝》(GB/T 8110—2020)、《非合金钢及细晶粒钢药芯焊丝》(GB/T 10045—2018)、《埋弧焊用非合金钢及细晶粒钢实心焊丝、药芯焊丝和焊丝-焊剂组合分类要求》(GB/T 5293—2018)等,以上标准均在《钢结构焊接规范》(GB 50661—2011)发布之后修改,修改的主要技术变化依据国际标准以及国内使用需求。因此,与《钢结构焊接规范》(GB 50661—2011)中执行的焊接材料发生了变化,在使用表 3.23 时,需结合表 3.24 至表 3.28。

表 3.23 常用钢材的焊接材料推荐表

母材					焊接材料			
GB/T 700 和 GB/T 1591 标准钢材	GB/T 19879 标准钢材	GB/T 714 标准钢材	GB/T 4171 标准钢材	GB/T 7659 标准钢材	焊条电弧焊 SMAW	实心焊丝气体保护焊 GMAW	药芯焊丝气体保护焊 FCAW	埋弧焊 SAW
Q215	—	—	—	ZG200-400H ZG230-450H	GB/T 5117: E43XX	GB/T 8110: ER49-X	GB/T 10045: E43XTX-X; GB/T 17493: E43XTX-X	GB/T 5293: F4XX-H08A
Q235 Q275	Q235GJ	Q235q	Q235NH Q265GNH Q295NH Q295GNH	ZG275-485H	GB/T 5117: E43XX; GB/T 5117: E50XX	GB/T 8110: ER49-X ER50-X	GB/T 10045: E43XTX-X E50XTX-X; GB/T 17493: E43XTX-X E49XTX-X	GB/T 5293: F4XX-H08A; GB/T 12470: F48XX-H08MnA
Q345 Q390	Q345GJ Q390GJ	Q345q Q370q	Q310GNH Q355NH Q355GNH	—	GB/T 5117: E50XX; GB/T 5118: E5515,16-X^a	GB/T 8110: ER50-X ER55-X	GB/T 10045: E50XTX-X; GB/T 17493: E50XTX-X	GB/T 5293: F5XX-H08MnA F5XX-H10Mn2; GB/T 12470: F48XX-H08MnA F48XX-H10Mn2 F48XX-H10Mn2A
Q420	Q420GJ	Q420q	Q415NH	—	GB/T 5118: E5515,16-X E6015,16-X^b	GB/T 8110: ER55-X ER62-X^b	GB/T 17493: E55XTX-X	GB/T 12470: F55XX-H10Mn2A F55XX-H08MnMoA

续表

母材			焊接材料			
			GB/T 5118: E5515.16—X E6015.16—X	GB/T 8110: ER55—X	GB/T 17493: E55XTX—X E60XTX—X	GB/T 12470: F55XX—H08MnMoA F55XX—H08Mn2MoVA
Q460	Q460GJ	—				
	—	Q460NH				

注:1. 被焊母材有冲击要求时,熔敷金属的冲击不应低于母材规定;
2. 焊接接头母材板厚不小于 25mm 时,宜采用低氢型焊接材料;
3. 表中 X 对应焊材标准中的相应规定;
4. 仅适用于厚度不大于 35mm 的 Q345q 钢及厚度不大于 16mm 的 Q370q 钢;
5. 仅适用于厚度不大于 16mm 的 Q420q 钢。

表 3.24　焊条型号对照表

（节选自《非合金钢及细晶粒钢焊条》(GB/T 5117—2012) 附录 B 表 B.1）

本标准	AWS A5.1M:2004	AWS A5.5M:2006	ISO 2560:2009	GB/T 5117—1995
碳钢				
E4303	—	—	E4303	E4303
E4310	E4310	—	E4310	E4310
E4311	E4311	—	E4311	E4311
E4312	E4312	—	E4312	E4312
E4313	E4313	—	E4313	E4313
E4315	—	—	—	E4315
E4316	—	—	E4316	E4316
E4318	E4318	—	E4318	—
E4319	E4319	—	E4319	E4301
E4320	E4320	—	E4320	E4320

续表

本标准	AWS A5.1M：2004	AWS A5.5M：2006	ISO 2560：2009	GB/T 5117—1995	GB/T 5118—1995
……					
		镍钢			
E5016—N2	—	—	E4916—N2	—	—
E5018—N2	—	E4918—C3L	E4918—N2	—	—
E5515—N2	—	E5516—C3	—	—	E5515—C3
E5516—N2	—	E5516—C3	E5516—N2	—	E5516—C3
……					

表 3.25 焊条型号对照表

（节选自 GB/T 5118—2012《热强钢焊条》附录 B 表 B.1）

本标准*	ISO 3580：2010	AWS A5.5M：2006	GB/T 5118—1995
E50XX—1M3	E49XX—1M3	—	E50XX—A1
E50YY—1M3	E49YY—1M3	—	E50YY—A1
E5515—CM	E5515—CM	—	E5515—B1
E5516—CM	E5516—CM	E5516—B1	E5516—B1
E5518—CM	E5518—CM	E5518—B1	E5518—B1
E5540—CM	—	—	E5500—B1
E5503—CM	—	—	E5503—B1
E5515—1CM	E5515—1CM	—	E5515—B2
E5516—1CM	E5516—1CM	E5516—B2	E5516—B2

续表

本标准*	ISO 3580：2010	AWS A5.5M：2006	GB/T 5118—1995
……			
E5540—2CMWVB	—	—	E5500—B3—VWB
E5515—2CMWVB	—	—	E5515—B3—VWB
E5515—2CMVNb	—	—	E5515—B3—VNb
E62XX—2C1MV	E62XX—2C1MV	—	—
E62XX—3C1MV	E62XX—3C1MV	—	—
E5515—C1M	E5515—C1M	—	
E5516—C1M	E5516—C1M	E5516—B5	E5516—B5
……			

* 焊条型号中XX代表药皮类型15、16或18，YY代表药皮类型10、11、19、20或27。

表3.26 焊丝型号对照表

(节选自《熔化极气体保护电弧焊用非合金钢及细晶粒钢实心焊丝》(GB/T 8110—2020)附录C 表C.1)

序号	本标准	ISO 14341：2010(B)系列	ANSI/AWS A5.18M：2017 ANSI/AWS A5.28M：2005(R2015)	GB/T 8110—2008
1	G49A3C1S2	G49A3C1S2	ER49S—2	ER50—2
2	G49A2C1S3	G49A2C1S3	ER49S—3	ER50—3
3	G49AZC1S4	G49AZC1S4	ER49S—4	ER50—4
4	G49A3C1S6	G49A3C1S6	ER49S—6	ER50—6
5	G49A4M21S6	G49A4M21S6		
6	G49A3C1S7	G49A3C1S7	ER49S—7	ER50—7
7	G49AYU1S10	—	—	ER49—1

续表

序号	本标准	ISO 14341：2010(B)系列	ANSI/AWS A5.18M：2017 ANSI/AWS A5.28M：2005(R2015)	GB/T 8110—2008
……				
22	G55A3C1S4M31	G55A3C1S4M31	ER55S－D2	ER55S－D2
23	G55A3C1S4M31T	—	—	ER55S－D2－Ti
24	G×××S4M3T	G×××S4M3T	—	—
25	G×××SN1	G×××SN1	—	—
26	G55A4H×SN2	G55A4H×SN2	ER55S－Ni1	ER55－Ni1
27	G×××SN3	G×××SN3	—	—
28	G55P6×SN2	G55P6×SN2	ER55S－Ni2	ER55－Ni2
……				

表 3.27　焊丝型号对照表

（节选自《非合金钢及细晶粒钢药芯焊丝》(GB/T 10045—2018)附录 C 表 C.1）

序号	本标准	ISO 17632：2015(B)系列	ANSI/AWS A5.36/A5.36M：2016	GB/T 10045—2001	GB/T 17493—2008
1	T492T1－XC1A	T492T1－XC1A	E49XT1－C1A2－CS1	E50XT－1	—
2	T492T1－XM21A	T492T1－XM21A	E49XT1－M21A2－CS1	E50XT－1M	—
3	T49T2－XC1S	T49T2－XC1S	E49XT1S－C1	E50XT－2	—
4	T49T2－XM21S	T49T2－XM21S	E49XT1S－M21	E50XT－2M	—
5	T49T3－XNS	T49T3－XNS	E49XT3S	E50XT－3	—
6	T49ZT4－XNA	T49ZT4－XNA	E49XT4－AZ－CS3	E50XT－4	—
7	T493T5－XC1A	T493T5－XC1A	E49XT5－C1A3－CS1	E50XT－5	—
……					

续表

序号	本标准	ISO 17632：2015（B）系列	ANSI/AWS A5.36/A5.36M：2016	GB/T 10045—2001	GB/T 17493—2008
27	T493T5－XC1P－2M3	T493T5－XC1P－2M3	E49XT5－C1P3－A1	—	E49XT5－A1C
28	T493T5－XM21P－2M3	T493T5－XM21P－2M3	E49XT5－M21P3－A1	—	E49XT5－A1M
29	T55ZT1－XC1P－2M3	T55ZT1－XC1P－2M3	E55XT1－C1PZ－A1	—	E55XT1－A1C
30	T55ZT1－XM21P－2M3	T55ZT1－XM21P－2M3	E55XT1－M21PZ－A1	—	E55XT1－A1M
31	T433T1－XC1A－N2	T433T1－XC1A－N2	E43XT1－C1A3－Ni1	—	E43XT1－Ni1C
32	T433T1－XM21A－N2	T433T1－XM21A－N2	E43XT1－M21A3－Ni1	—	E43XT1－Ni1M
33	T493T1－XC1A－N2	T493T1－XC1A－N2	—	—	E49XT1－Ni1C
34	T493T1－XM21A－N2	T493T1－XM21A－N2	—	—	E49XT1－Ni1M
35	T493T6－XNA－N2	T493T6－XNA－N2	E49XT6－A3－Ni1	—	E49XT6－Ni1
……					

表 3.28　实芯焊丝型号/牌号对照表

（节选自《埋弧焊用非合金钢及细晶粒钢实心焊丝、药芯焊丝和焊丝-焊剂组合分类要求》(GB/T 5293—2018)附录 A 表 A.1)

序号	本标准 型号	本标准 冶金分类牌号	ISO 14171：2016 (B 系列)	ANSI/AWS A5.17M：2007	ANSI/AWS A5.23M：2011	GB/T 3429—2015	GB/T 5293—1999	GB/T 12470—2003
……								
15	SU26	H08Mn				H08Mn	H08MnA	H08MnA
16	SU27	H15Mn				H15Mn	H15Mn	H15Mn
17	SU28	H10MnSi				H10MnSi		
18	SU31	H11Mn2Si	SU31	EH11K	EH11K	H11Mn2Si		
19	SU32	H12Mn2Si	SU32					

续表

序号	本标准		ISO 14171：2016 （B系列）	ANSI/AWS A5.17M：2007	ANSI/AWS A5.23M：2011	GB/T 3429—2015	GB/T 5293—1999	GB/T 12470—2003
	型号	冶金分类牌号						
20	SU33	H12Mn2	SU33					
21	SU34	H10Mn2				H10Mn2	H10Mn2	H10Mn2
22	SU35	H10Mn2Ni				H10Mn2Ni		
23	SU41	H15Mn2	SU41	EH14	EH14	H15Mn2		
24	SU42	H13Mn2Si	SU42	EH12K	EH12K			
25	SU43	H13Mn2				H13Mn2		H10Mn2A
26	SU44	H08Mn2Si				H08Mn2Si	H08Mn2Si	
27	SU45	H08Mn2SiA					H08Mn2SiA	
28	SU51	H11Mn3	SU51					
29	SUM3	H08MnMo				H08MnMo		H08MnMoA
30	SUM31	H08Mn2Mo				H08Mn2Mo		H08Mn2MoA
……								

复习思考题

3.1 对电焊条有哪些要求？

3.2 焊条由哪几部分组成？其作用分别是什么？

3.3 焊剂分类有哪些？

3.4 焊剂的质量要求有哪些？

3.5 药芯焊丝的优点是什么？

3.6 焊接材料选用的原则有哪些？

3.7 对比掌握焊接材料的型号编制方法。

参考资料

[1] 中华人民共和国国家标准. 非合金钢及细晶粒钢焊条 GB/T 5117—2012[S].

[2] 中华人民共和国国家标准. 热强钢焊条 GB/T 5118—2012[S].

[3] 中华人民共和国国家标准. 焊缝－工作位置－倾角和转角的定义 GB/T 16672—1996 [S].

[4] 中华人民共和国国家标准. 埋弧焊和电渣焊用焊剂 GB/T 36037—2018[S].

[5] 中华人民共和国国家标准. 熔化极气体保护电弧焊用非合金钢及细晶粒钢实心焊丝 GB/T 8110—2020[S].

[6] 中华人民共和国国家标准. 焊接与切割用保护气体 GB/T 39255—2020[S].

[7] 中华人民共和国国家标准. 非合金钢及细晶粒钢药芯焊丝 GB/T 10045—2018[S].

[8] 中华人民共和国国家标准. 埋弧焊用非合金钢及细晶粒钢实心焊丝、药芯焊丝和焊丝－焊剂组合分类要求 GB/T 5293—2018[S].

[9] 中华人民共和国国家标准. 埋弧焊用高强钢实心焊丝、药芯焊丝和焊丝-焊剂组合分类要求 GB/T 36034—2018[S].

[10] 中华人民共和国国家标准. 埋弧焊用热强钢实心焊丝、药芯焊丝和焊丝-焊剂组合分类要求 GB/T 12470—2018[S].

[11] 中华人民共和国国家标准. 钢结构焊接规范 GB 50661—2011[S].

第4章 焊接电弧

焊接过程是将电弧能转化成热能、机械能,使得焊材和母材受热熔化。通过学习焊接电弧的理论知识,将其应用到实际焊接工作中,提高焊接电弧的稳定性,实现提高焊接质量的目的。

4.1 焊接电弧基本知识

一、焊接电弧的概念

在焊条和工件两个电极之间的空气介质中,产生持久而强烈的放电现象称为焊接电弧,图 4.1 为焊接电弧示意简图。

焊接电弧是电弧焊焊接方法的能量载体,由焊接电源供给能量。当两个电极之间存在电位差时,电荷从一极穿过气体介质到达另一极的导电现象,即为气体放电。通过气体放电过程的持续,焊接电弧不断将电能转变为热能和机械能,使得焊材和母材熔化并达到连接的目的。

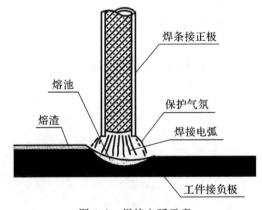

图 4.1 焊接电弧示意

二、焊接电弧的组成[1]

焊接电弧是由阴极区、阳极区、弧柱区三部分组成,如图 4.2 所示。

1. 阴极区

在阴极附近的区域是阴极区。阴极区的长度 L 约为 $10^{-6}\sim10^{-5}$ cm,如果阴极压降 U_K 约为 $10\sim20$V,则该区域的电场强度可达 $10^6\sim10^7$ V/cm,阴极区温度可达 $2200\sim3500$K(K 是热力学温度符号,0K $=-273.15℃$)。在阴极区的阴极表面有明亮的斑点,它是电弧放电时,阴极表面集中发射电子的微小区域,称为阴极斑点。在阴极斑点中,电子在电场和热能作用下,得到足够的能量后逸出。因此阴极斑点是电子的发源地,也是阴极区温度最高的部分。

2. 阳极区

在阳极附近的区域是阳极区。阳极区的长度比阴极区域长,长度 L 约为 $10^{-3}\sim10^{-2}$ cm,但电压降 U_A 比阴极区低,约为 $2\sim4$V,该区域的电场强度约 $10^3\sim10^4$ V/cm,阳极区温度可达 $2400\sim4200$K。在阳极上也有光亮的斑点,它是电弧放电时,正电极表面上集中接收电子的微小区域,叫作阳极斑点。

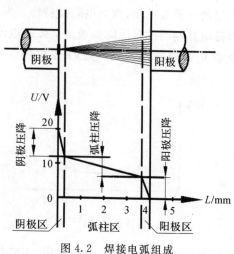

图 4.2　焊接电弧组成

3. 弧柱区

弧柱区是焊接电弧阴极区和阳极区之间的区域,由于阴极区和阳极区的长度极小,因此弧柱长度就可以认为是弧长。弧柱的长度 L 约为 $2\sim5$mm,弧柱区压降 U_C 比阴极区和阳极区均小,电场强度也小,只有 $5\sim10$V/cm。弧柱区温度可达 $5000\sim50000$K,弧柱是自由电子、阴离子向阳极转移与阳离子向阴极转移过程的通道,也是发生电离作用以及电子、离子在转移的过程中发生相互复合的场所。其分布很不均匀,在径向方向,中心温度高,越是外围越低。

通常测量出来的电弧电压 U_a 是由阴极压降、阳极压降及弧柱压降所组成,即

$$U_a = U_K + U_A + U_C$$

三、焊接电弧的产生过程

将通上焊接电源的焊条(或焊丝)末端与焊件表面接触,形成短路,然后很快地将焊条(或焊丝)拉开至离焊件表面 $3\sim4$mm 的距离,则电弧就在焊条(或焊丝)与焊件的间隙中燃

烧了。由于焊条(或焊丝)末端与焊件接触时,它们的表面都不是绝对平整的,只是在少数突出点上接触,接触部分通过的短路电流密度非常大,而接触面积又很小,这时产生大量电阻热,使电极金属表面发热、熔化,甚至蒸发、气化,引起强烈的热发射和热电离。随后在拉开电极的瞬间,由于电场作用的迅速增加,又促使产生电子的自发射。同时,已经形成的带电质点在电场作用下加速运动,并在高温条件下相互碰撞,出现了碰撞电离和撞击电子发射。这样,使带电质点的数量猛增,大量电子通过空间流向阳极,电弧便引燃了。电弧引燃后,在不同的焊接电源条件下,电离与中和时处于不同的动平衡状态,弧焊电源不断地供给电能,新的带电粒子不断得到补充,电弧的稳定燃烧就得以持续地进行,这就是电弧的引燃和稳定燃烧的过程。

四、焊接电弧的特性

焊接电弧是焊接回路中的负载,它起着把电能转变为热能的作用,在这一点上它与普通的电阻有相似之处,但是它与普通的电阻相比,又有其明显的特点。当普通电阻通过电流时,电阻两端的压降与所通过的电流成正比,称为电阻静特性。焊接时,在电极材料、气体介质和弧长一定的情况下,焊接电弧两端的电压降与通过电弧的电流值就不是呈线性改变,而是呈 U 形曲线变化,叫作焊接电弧静特性,表示它们关系的曲线叫作焊接电弧的静特性曲线,如图 4.3 所示。

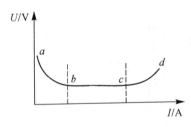

图 4.3   焊接电弧静特性曲线

由图 4.3 可以看出,焊接电弧静特性曲线可分为三段,下降特性段 ab 段、水平特性段 bc 段和上升特性段 cd 段。在 ab 段,电弧电压随电流的增加而降低。电流小时,电弧电压就高,电流增大使电弧的温度升高,结果气体电离和阴极电子发射就增强,所以这时维持电弧所需的电弧电压就随电流的增大而降低。bc 段是正常焊接时,加大电流只是增加对电极材料的加热和熔化程度。这时的电弧电压随电极材料、弧柱中气体的成分和电弧长度而变化。

cd 段是焊接电流继续增加时,电极斑点的电流密度也不断增加,由于电极端面积所限,使得电极斑点的电流密度达到了极限值。因此如需再增加焊接电流,就要求在电极区有较大的电压降,这时维持电弧所需的电弧电压随着焊接电流的增加而增加,因此形成了上升特性段。

4.2　焊接电弧的极性和偏吹

一、焊接时的极性及其应用

1.焊接时的极性

极性是指直流电弧焊时,焊件与焊接电源输出端正、负极的接法。极性有正接、反接两种。

正接:焊件接焊接电源正极,电极(焊条或焊丝)接电源负极的接线法,称正接,也叫正极性。

反接:焊件接焊接电源负极,电极接电源正极的接线法,称反接,也叫反极性。

对于交流电弧焊机来说,由于电源的极性是交变的,所以不存在正接或反接。

2.焊接时极性的应用

焊接时极性的选用,主要根据焊件所需的热量和焊接材料的性能而定。

(1)为获得较大的熔深,可采用正接,这是因为此时焊件处于电弧的阳极区,温度较高。

(2)在焊接薄板时,为了防止烧穿,可以采用反接。这是因为焊件处于阴极区,温度较低。

(3)采用低氢焊条焊接时,必须用反接。这是因为碱性焊条药皮中,含有较多的萤石(CaF_2),在电弧气氛中分解出电离电位较高的氟,这会使电弧的稳定性大大降低;若采用正接,在熔滴向熔池过渡时,将受到由熔池方向射来的正离子流的撞击,阻碍了熔滴过渡,以致出现飞溅和电弧不稳的现象;若采用反接,使熔池处于阴极,则由焊条方向射来的氢正离子与熔池表面的电子中和形成氢原子,减少了氢气孔的出现。

二、焊接电弧的偏吹

1.偏吹

正常焊接时,电弧的中心总是沿着焊条轴线方向。随着焊条变换倾斜角度,电弧的轴线也跟着焊条的轴线方向而改变。我们常常利用焊接电弧这一特性来控制焊缝成形,吹去覆盖在熔池表面过多的熔渣;在焊接薄板的时候,又利用电弧这一特性,将焊条适当倾斜一个角度,以防止焊件烧穿。但在实际焊接过程中,因周围气流的干扰、磁场的作用或焊条偏心的影响等因素,会出现使电弧中心偏离电极轴线的现象,这种现象为电弧偏吹。

2.引起电弧偏吹的原因

引起电弧偏吹的原因很多,主要有以下几方面:

(1)焊条偏心度过大

这主要是焊条质量问题。由于焊条药皮厚薄不匀,药皮较厚的一边比药皮较薄的一边熔化时吸收更多的热,因此药皮较薄的一边很快熔化而使电弧外露,迫使电弧往外偏吹。为保证焊接质量,在焊条生产中,对焊条的偏心度有一定的限制,以保证焊接时不会造成明显的偏吹。

（2）电弧周围气流的干扰

电弧周围气体的流动也会把电弧吹向一侧，而造成偏吹。例如：在露天大风中操作或在狭窄焊缝处焊接时，电弧偏吹情况很严重，使焊接发生困难；在管状内焊接时，由于空气在管状中流动速度较大，形成所谓"穿堂风"，使电弧发生偏吹；在开坡口的对接接头第一层焊缝焊接时，如果接头间隙较大，热对流的影响往往也会使电弧发生偏吹现象。一般由于气流产生的偏吹，只要根据具体情况，查明气流来源、方向，进行有效遮挡即可解决。

（3）焊接电弧的磁偏吹

使用直流电弧焊机进行焊接时，因直流电产生的磁场在电弧周围分布不均匀，引起电弧产生偏吹的现象，称为电弧的磁偏吹。造成磁偏吹的主要原因有如下一些：①接线位置不适当引起的偏吹。由于接线的位置不适当，造成电弧周围的磁力线不均匀，一侧多，一侧少，电弧就偏向磁场强度弱的一侧，即偏向磁力线少的一侧，引起偏吹。②铁磁物质引起的磁偏吹。当焊接电弧周围有铁磁物质存在时，电弧就向铁磁体一侧偏吹，就像铁磁体吸引电弧一样，如果钢板受热后温度升高，导磁能力就降低，对电弧磁偏吹的影响也就减少。③焊接位置不对称引起的磁偏吹。当我们在靠近焊件边缘处开始进行焊接的时候，经常会发生电弧偏吹，当逐渐靠近焊件的中心时，电弧的偏吹现象就逐渐减小或消失。④在焊缝起头时，焊条与焊件所处的位置不对称，造成电弧周围的磁场分布不平衡，再加上热对流的作用，就产生电弧偏吹。在焊缝收尾时，因同样原因往往也会发生电弧偏吹。

3. 减少或防止焊接电弧偏吹的方法

在焊接过程中，根据引起焊接电弧偏吹的因素，可采取以下一种或几种预防措施来减少和防止电弧偏吹。

（1）焊接时，尽量采用交流电源焊接。

（2）露天操作时，如果有较大的风，则必须用挡板遮挡，对电弧进行保护。在管状内焊接时将管口遮挡，防止气流对电弧的干扰。

（3）在焊接间隙较大的对接焊缝时，可在接缝下面加垫板，以防止热对流引起的电弧偏吹。

（4）在焊缝两端加焊引弧板和引出板，使电弧两侧的磁力线分布均匀并减少热对流的影响。

（5）采用短弧焊接，短弧时电弧受气流的影响小，而且在产生磁偏吹时，短弧焊接可以减小磁偏吹的程度。因此，采用短弧焊接是减少电弧偏吹的较好方法。

（6）在焊接时，适当调整焊条角度，使电弧偏吹的方向转向熔池。

（7）适当地改变焊件上的接地线位置，尽可能使电弧周围的磁力线分布均匀。

（8）尽量采用小电流焊接，对克服磁偏吹也能起一定的作用。

4.3   电弧焊的熔滴过渡

一、熔滴过渡的分类

在电弧高温的作用下，熔化的焊条（或焊丝）金属熔滴通过电弧空间向熔池转移的过程，称为熔滴过渡。

金属熔滴向熔池过渡的形式,常用的有喷射过渡、短路过渡等熔滴过渡形式。

1. 喷射过渡

焊接电流增大时,熔滴尺寸减小。当焊接电流增大到一定数值时,即出现喷射过渡状态。喷射过渡就是熔滴呈细小颗粒并以喷射状态快速通过电弧空间向熔池过渡的形式。

需要强调指出,产生喷射过渡,除了要有一定的电流密度外,还必须要有一定的电弧长度。如果电弧电压很低,弧长太短,不论电流数值有多大,也不可能产生喷射过渡。

喷射过渡具有电弧稳定、没有飞溅、电弧熔深大、焊缝成形好、生产效率高等优点。

2. 短路过渡

短路过渡是指焊条(或焊丝)端部的熔滴与熔池短路接触,熔滴直接向熔池过渡的形式。主要有以下过程:

(1)熔化金属首先集中在焊条(或焊丝)的下端,并开始形成熔滴。

(2)熔滴的颈部变细、伸长,这时颈部的电流密度增大,促使熔滴的颈部继续向下延伸。

(3)当熔滴与熔池接触时发生短路,电弧熄灭,短路电流迅速上升。当短路电流增大到一定数值后,部分缩颈金属迅速气化,缩颈即爆断,熔滴全部进入熔池。

(4)在缩颈断开的瞬时,电源电压很快回复到引燃电压,于是电弧又重新复燃,焊条(或焊丝)末端又重新再形成熔滴,重复上述过程。

短路过渡能在小功率电弧(小电流、低电弧电压)下,实现稳定的金属熔滴过渡和稳定的焊接过程,所以适合于薄板或低热输入的情况下的焊接。

二、影响过渡熔滴的因素

在焊接过程中,熔滴过渡受诸多因素影响。

1. 电流强度的影响

电流强度增大,增强了焊条(或焊丝)端面的加热作用,提高了金属的温度,减小了熔滴的表面张力,致使熔滴变小。

2. 焊丝成分的影响

焊芯(或焊丝)中含碳量增加,在高温时生成 CO 气体,由于气化的加强,气体的压力使较大的熔滴爆破成许多细小的熔滴。

3. 药皮成分的影响

在高温时,一些活性金属被氧化成熔渣,包围在熔滴外围,这些氧化物能减小熔滴的表面张力,致使熔滴细化。

复习思考题

4.1 什么是焊接电弧?

4.2 简述焊接电弧的产生过程。

4.3 焊接电弧的组成及温度分布如何?

4.4 焊接时的极性接法有几种? 它们的应用如何?

4.5 造成焊接电弧偏吹的原因是什么？如何防止？

4.6 熔滴过渡的形式有哪几种？

4.7 影响过渡熔滴大小的因素有哪些？

参考资料

[1] 王宗杰. 熔焊方法及设备[M]. 北京:机械工业出版社,2015.

第5章 焊条电弧焊

5.1 概述

一、焊条电弧焊的定义

焊条电弧焊是利用焊条与焊件间产生的电弧,将焊条和焊件局部加热到熔化状态而进行焊接的一种手工操作的电弧焊方法。

二、焊条电弧焊的特点

焊条电弧焊作为一种最基本的焊接方法,其主要特点如下。

(1)操作灵活,可达性好,适合在空间任意位置的焊缝,凡是焊条操作能够达到的位置都能进行焊接。

(2)设备简单,使用方便,无论采用交流弧焊机还是直流弧焊机,焊工都能很容易地掌握,而且使用方便、简单、投资少。

(3)应用范围广,选择合适的焊条可以焊接许多常用的金属材料。

(4)焊接质量不够稳定,焊接的质量受焊工的操作技术、经验、情绪的影响。

(5)劳动条件差,焊工不仅劳动强度大,还要受到弧光辐射以及烟尘、臭氧、氮氧化合物、氟化物等有毒物质的危害。

(6)生产效率低,受焊工体能的影响,焊接工艺参数中的焊接电流受到限制,加之辅助时间较长,因此生产效率低。

5.2 焊接接头形式和焊缝形式

一、焊接接头形式

焊接接头形式根据被焊母材的空间位置可分为对接接头、搭接接头、T形(十字)接头、角接接头和端接接头等,其基本特点见表5.1。

表 5.1   焊接接头的形式

名称	简图	基本特点
对接接头		在同一平面上的两被焊工件相对而焊接起来所形成的接头;受力合理、应力集中程度较小,两对接焊件厚度很少受限制,厚板对接为了焊透可采用坡口对接焊;对接接头要求对接边缘的加工和装配质量严格
搭接接头		两被焊工件部分地重叠在一起(或外加专门的搭接件)用角焊缝或塞(槽)焊缝连接起的接头;接头工作应力分布不均匀,受力不合理,疲劳强度低、不节省材料。但因其焊前准备和装配工作简单,在不重要的结构上仍有采用
T形(十字)接头		焊件的端面与另一焊件的平面构成直角或近似直角的接头。通常用角焊缝连接能承受各方面的力和力矩。应力分布较对接接头复杂,应力集中较大
角接接头		是两被焊件端面间构成大于 30°、小于 135°夹角的接头。接头的承载能力较差,单独使用时特别抗弯能力很弱,改进连接处的构造能有所改善。主要用于箱形结构
端接接头		是两焊件重叠放置或两焊件之间夹角小于 30°在端部进行连接的接头,气焊或 TIG 焊时,通常不需填充金属。常用于受力不大的位置

二、焊缝形式

焊缝按不同分类方法可有以下几种形式。

1. 按焊缝在空间位置的不同可分为平焊缝、立焊缝、横焊缝及仰焊缝四种形式。
2. 按焊缝结合形式不同,可分为对接焊缝、角焊缝及塞焊缝三种形式。
3. 按焊缝长度方向是否连续,可分为连续焊缝和断续焊缝两种。

5.3　焊条电弧焊的基本操作技术

一、引弧

引弧一般有两种方法：划擦法和直击法。

1.划擦法

先将焊条末端对准焊缝，然后将手腕扭转一下，使焊条在焊件表面轻微划一下，动作有点像划火柴，用力不能过猛。引燃电弧后焊条不能离开焊件过高，一般为 2～4cm 左右，且不能超出焊缝范围。然后手腕扭平，将电弧拉回到起头位置，并使电弧保持适当的长度，开始焊接。

2.直击法

先将焊条末端对准焊缝，然后稍点一下手腕，使焊条轻轻碰一下焊件，随即将焊条提起引燃电弧，迅速将电弧移至起头位置，并使电弧保持一定的长度，开始焊接。

对初学者来说，划擦法易于掌握，但掌握不当时，容易损坏焊件表面，特别是在狭窄的地方焊接或焊件表面不允许损伤时，就不如直击法好。不管采用哪种引弧方法，引弧都应该在焊缝内进行，避免引弧时击伤焊件表面。

二、运条

当电弧引燃后，焊条要有三个基本方向的运动，才能使焊缝良好成形。这三个方向的运动是：焊条朝着熔池方向做逐渐送进的运动；焊条在焊缝宽度方向做横向摆动；焊条沿着焊接方向逐渐移动，如图 5.1 所示。这三个方向的运动，通称为运条。

焊条朝着熔池方向逐渐送进，主要是用来维持所要求的电弧长度。因此，焊条送进的速度应该与焊条熔化的速度相适应。

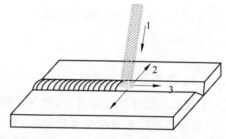

1—焊条送进；2—焊条摆动；3—沿焊缝移动。

图 5.1　焊条的三个基本运动方向

电弧的长短对焊缝质量有极大的影响。电弧的长度超过了焊条直径，称为长弧；小于焊条直径，称为短弧。用长弧焊接时，所得的焊缝质量较差，因为长弧易左右飘摆，使电弧不稳定，同时电弧的热量容易散失，使接头不易熔透，而且由于空气的侵入，易产生气孔等。因此，施焊特别在碱性焊条施焊时，一定要采用短弧操作，才能保证质量。

焊条的横向摆动，主要是为了获得一定宽度的焊缝。其摆动范围与焊缝要求的宽度及焊条直径有关。摆动的范围越宽，则得到的焊缝宽度也越大。

焊条沿焊接方向逐渐移动，其移动速度对焊缝的质量也有很大的影响。移动速度太快，则电弧来不及熔化足够的焊条和母材，造成焊缝断面太小和未熔合等缺陷。如速度太慢，则熔化金属堆积过多,加大了焊缝的断面,余高增加,反而降低了焊缝强度。所以,焊条沿着焊接方向移动的速度,应根据电流大小、焊条直径、焊件厚度、装配间隙以及焊缝位置来适当调整。

在焊接生产中,根据不同的焊缝位置、不同的接头形式,以及考虑焊条直径、焊接电流、焊件厚度等各种因素,可采用不同的运条方法。下面介绍几种常用的运条方法(图 5.2)及适用范围。

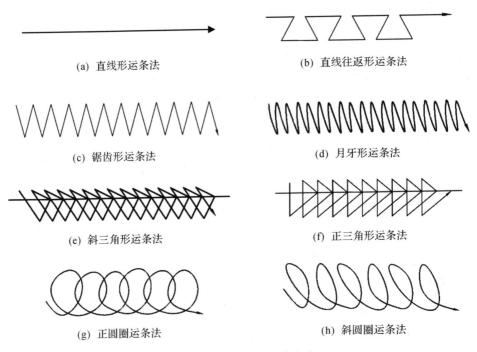

(a) 直线形运条法　　　　　　　　　　(b) 直线往返形运条法

(c) 锯齿形运条法　　　　　　　　　　(d) 月牙形运条法

(e) 斜三角形运条法　　　　　　　　　(f) 正三角形运条法

(g) 正圆圈运条法　　　　　　　　　　(h) 斜圆圈运条法

图 5.2　几种常用的运条方法

1. 直线形运条法

直线形运条法在焊接时,焊条保持一定的弧长,并沿焊接方向不摆动地前移,如图 5.2(a)所示。该运条方法电弧较稳定,所以能获得较大的熔池深度,但焊缝的宽度较窄,所以这种方法适用于板厚 3~5mm 的不开坡口的对接平焊、多层焊的第一层焊道和多层多道焊。

2. 直线往返形运条法

直线往返形运条法是焊条末端沿焊缝的纵向做来回直线形摆动,如图 5.2(b)所示。这种运条方法特点是焊接速度快、焊缝窄、散热也快,所以适用于薄板焊和接头间隙较大的焊缝。

3. 锯齿形运条法

锯齿形运条法是将焊条末端做锯齿形连续摆动而向前移动,并在两边稍作停留,停留时间视操作情况而定,以防止咬边为宜,如图 5.2(c)所示。焊条摆动主要是为了控制焊缝熔化金属的流动和得到必要的焊缝宽度,以获得较好的焊缝成形。由于这种方法容易操作,所以在实际生产中应用较广,多用于厚板的焊接。

4. 月牙形运条法

月牙形运条法在生产上应用也比较广泛,采用这种方法时,使焊条末端沿着焊接方向作月牙形的左右摆动,如图 5.2(d)所示。摆动的速度要根据焊缝的位置、接头形式、焊缝宽度和电流强度来决定。同时还要注意在两边做适当停留,保证焊缝两侧边缘熔合,并防止产生咬边缺陷。

月牙形运条法适用范围和锯齿形运条法相同,但它焊出来的焊缝余高较高,且圆凸度较大。它的优点是使金属熔化良好,有较长的保温时间,容易使气体析出和熔渣浮到焊缝表面上来,所以有利提高焊缝质量。

5. 三角形运条法

三角形运条法是焊条末端做连续的三角形运动,并不断向前移动,根据其适用范围不同,有斜三角形和正三角形两种运条手法,如图 5.2(e)和 5.2(f)所示。

图 5.2(e)所示是斜三角形运条法,适用于除了立焊外的角接焊缝和有坡口的对接横焊缝。它的优点是能够借助焊条的不对称摆动来控制熔化金属,促使焊缝成形良好。图 5.2(f)是正三角形运条法,适用于开坡口的对接接头和 T 形接头的立焊。它的特点是一次能焊出较厚的焊缝断面,焊缝不易产生夹渣等缺陷,有利于提高生产率。

这两种运条方法在实际操作时,在折角处均应放慢速度,稍作停留,以得到成形良好的焊缝。

6. 圆圈形运条法

圆圈形运条法是焊条末端连续做圆圈运动,并不断前移,如图 5.2(g)和 5.2(h)所示。图 5.2(g)为正圆形运条法,适用于焊接较厚工件的平焊缝。其优点是能使熔化金属有足够高的温度,促使溶解在熔池的气体有机会析出,同时便于熔渣上浮,减少了产生气孔、夹渣等缺陷的可能。图 5.2(h)所示为斜圆圈形运条法,适用于平、仰位置的 T 形接头焊缝和对接接头的横焊缝。它的特点是有利于控制熔化金属不受重力的影响而产生下淌现象,有助于焊缝成形。

以上介绍的是几种最基本的运条方法,在实际焊接中,同一接头形式的焊缝,焊工根据自己的习惯和经验,采用的运条方法也是各不相同的。

三、焊缝的起头、连接和收尾

1. 焊缝的起头

焊缝的起头就是指刚开始焊接的部分。这部分焊缝一般略高,因为焊件在未焊前温度较低,而引弧后又不能迅速使这部分金属温度升高,所以起点部分的熔透程度较浅。为了减少这种情况的出现,应该在引弧后先将电弧稍微拉长,对焊缝端头进行必要的预热,然后适当缩短电弧长度,再从头部开始进行正常的焊接。

2. 焊缝的连接

在手工电弧焊操作中,焊缝的接头是不可避免的。焊缝接头的好坏,不仅影响焊缝的外观成形,也影响焊缝的质量。接头一般是在弧坑前约 15mm 处引弧,然后移动到原弧坑位置进行焊接。用酸性焊条时,引燃电弧后可稍拉长些电弧,待移到接头位置时再压低电弧;

用碱性焊条时,电弧不可拉长,否则容易出气孔。用这种方法时,必须准确掌握接头部位,接头部位过于推后,会出现焊缝重叠高起现象;接头部位过前,又会出现脱节凹陷现象。在接头时更换焊条的动作越快越好,当熔池温度没有完全冷却时,能增加电弧的稳定性,以保证和前焊缝的结合性能,减少气孔,并且使接头美观。

3.焊缝的收弧

收弧指的是焊缝结束时的收尾,与每根焊条焊完时的熄弧不同。每根焊条焊完时的熄弧,一般都留下弧坑,准备下一根焊条再焊时接头。在进行焊缝的收尾操作时,应保持正常的熔池温度,做无直线移动的横摆点焊动作,逐渐填满熔池后再将电弧拉向一侧熄弧。每条焊缝结束时必须填满弧坑。过深的弧坑不仅会影响美观,还会使焊缝收尾处产生缩孔、应力集中而产生裂纹。

一般采用以下三种收尾操作方法。

（1）划圈收尾法

焊条移至焊缝终点时,做圆圈运动,直到填满弧坑,再拉断电弧。此法适用于厚板收尾。

（2）反复断弧收尾法

焊条移至焊缝终点时,在弧坑处反复熄弧,引弧数次,直到填满弧坑为止。此法一般适用于薄板和大电流焊接,但碱性焊条不宜用此法,因为这样容易产生气孔。

（3）回焊收尾法

焊条移至焊缝终点时即停,并且改变焊条角度,回焊一小段。此法适用碱性焊条的收尾。

5.4 焊接工艺参数

焊接工艺参数是指焊接时,为保证焊接质量而选定的诸物理量的总称。手工电弧焊的焊接工艺参数主要是指焊条直径、焊接电流、电弧电压、电源种类与极性、焊接速度和焊接层数等。这些参数中,主要是指焊条直径和焊接电流的大小。至于电弧电压和焊接速度,在手工电弧焊中,不做原则规定,均依赖于焊工根据具体情况灵活掌握。

一、焊条直径

为提高生产率,应尽可能选用较大直径的焊条,但是用直径过大的焊条焊接,会造成未焊透或成形不良。因此,必须正确选择焊条直径,见表 5.2。

表 5.2 焊条直径选择的参考数据

焊件厚度(mm)	≤1.5	2	3	4～5	6～12	≥13
焊条直径(mm)	1.5	2	3	3.2～4	4～5	5～6

选择焊条,应考虑下列因素。

1.焊件的厚度

焊件厚度大,应选用大的焊条直径焊接;薄焊件的焊接,应选用小直径的焊条。

2.焊缝位置

焊接平焊缝用的焊条直径应比其他位置大一些。平焊最大直径不超过 5mm,而仰焊、横焊最大直径不超过 4mm。这是为了保证形成小的熔池和熔化金属不下淌。

3.焊接层数

进行多层焊时,为了防止根部未焊透,所以对多层焊的第一层焊道应采用直径较小的焊条焊接(如 φ3.2mm 焊条)。以后各层,可根据焊件厚度,选用较大直径的焊条焊接。

二、焊接电流

增大焊接电流能提高生产率,但电流过大易造成焊缝咬边、烧穿等缺陷,同时金属组织会因温度过高、过热而发生变化;而电流过小又会造成夹渣、未焊透等缺陷,降低焊接接头的机械性能。所以选择电流应适当。决定焊接电流的依据有很多,但主要应根据焊条直径和焊缝位置。

1. 焊接电流和焊条直径的关系

焊条直径的选择取决于焊件的厚度和焊缝的位置。当焊件厚度较小时,焊条直径要选小些,焊接电流也应小一些。反之,应选择较大的焊条直径和较大的焊接电流。

2. 焊接电流和焊缝位置的关系

在平焊位置焊接时,由于运条和控制熔池中熔化金属都比较容易,因此可以选择较大的电流进行焊接。但在其他位置时,为了避免熔化金属从熔池中流出,要使熔池尽可能小些,所以焊接电流相应要比平焊小些。一般使用碱性焊条时,焊接电流要比酸性焊条小些。根据经验,一般在立、横、仰位置焊接时,焊接电流要比平焊位置时小 10% 左右。

实际焊接中,可以通过以下方式来判断电流是否合适。

(1)看飞溅。电流过大时,电弧吹力大,可看到较大颗粒的铁水向熔池外飞溅,焊接时爆裂声大;电流过小时,电弧吹力小,熔渣和铁水不易分清。

(2)看焊缝成形。电流过大时,熔深大,焊缝低,两边易产生咬边;电流过小时,焊缝窄而高,且两侧与母材熔合不好;电流适中时,焊缝两侧与母材熔合较好。

(3)看焊条熔化状况。电流过大时,当焊条烧了大半根时,其余部分已发红;电流过小时,电弧燃烧不稳定,焊条容易粘在焊件上。

根据以上情况,在焊接中可以对电流进行适时调整。

三、电弧电压

电弧电压是由电弧长度来决定的。电弧长,电弧电压高;反之则电弧电压低。在焊接过程中,电弧不宜过长,否则会出现电弧燃烧不稳定,增加熔化金属的飞溅,减小熔透程度及易产生咬边等缺陷,且还易产生气孔。因此在焊接时应力求使用短弧。

四、焊接速度

焊接时,单位时间内焊接完成的焊缝长度,称焊接速度。它直接影响焊接的生产率。所以在保证焊缝质量的基础上,尽量采用较大的焊条直径和焊接电流,同时根据实际情况适当提高焊接速度,以保证在获得焊缝的高低和宽窄一致的条件下,提高焊接生产率。

五、线能量(又称热输入)

熔焊时,由焊接热源输入给单位长度焊缝上的能量,称为线能量,亦称热输入。焊接电流、电弧电压、焊接速度决定了焊接线能量。焊接线能量对热影响区的大小和接头的性能有直接影响。线能量越大,热影响区越大,反之则越小。

5.5 各种位置的焊接技术[1]

焊接位置的变化,对操作技术提出了不同的要求,这主要是由于熔化金属的重力作用造成了焊缝成形困难。所以,在焊接操作中,只要仔细观察并控制熔池的形状和大小,及时调整焊条角度和运条动作,就能控制焊缝的成形,确保焊接质量。

一、平焊位置的焊接特点、操作要点及运条方法

1.焊接特点

(1)熔滴主要依靠重力向熔池过渡;

(2)溶池形状和熔池金属容易保持;

(3)焊接同样板厚的金属,平焊位置焊接电流比其他焊接位置大,生产效率高;

(4)液态金属和熔渣容易混在一起,特别是焊接角焊缝时,熔渣容易往熔池前部流动造成夹渣;

(5)焊接参数和操作不正确时,可能产生未焊透、咬边和焊瘤等缺陷;

(6)平板对接焊接时,若焊接参数或焊接顺序选择不当,容易产生焊接变形。

2.操作要点

(1)由于焊缝处于水平位置,熔滴主要靠重力过渡,所以根据板厚可以选用直径较粗的焊条和较大的焊接电流焊接;

(2)最好采用短弧焊接;

(3)焊接时焊条与焊件成 $40°\sim90°$ 的夹角,控制好电弧长度和运条速度,使熔渣与液态金属分离,防止熔渣向前流动;

(4)若板厚在 5mm 以下,焊接时一般开 I 形坡口,可用 ϕ3mm 或 ϕ4mm 的焊条,采用短弧法焊接,背面封底焊前,可以不铲除焊根(重要构件除外);

(5)焊接水平倾斜焊缝时,应采用上坡焊,防止熔渣向熔池前方流动,避免焊缝产生夹渣缺陷;

(6)采用多层多道焊时,应注意焊道数量及焊道顺序;

(7)T 形、角接、搭接的平角焊接头,若两板厚度不同,应调整焊条角度,将电弧偏向厚板,使两板受热均匀;

(8)根据具体情况保持适当的焊条角度,如图 5.3 所示。

3.选用正确的运条方法

(1)板厚在 5mm 以下、I 形坡口对接平焊、采用双面焊时,正面焊缝应采用直线形运条

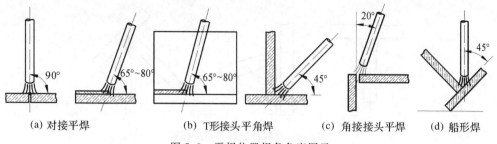

图 5.3　平焊位置焊条角度图示

方法,熔深应大于 2/3 板厚;背面焊缝也应采用直线形运条,焊接电流应比焊正面焊缝时稍大一些,运条速度要快。

(2)板厚在 5mm 以上,除 I 形坡口以外其他坡口对接平焊,可采用多层焊或多层多道焊,打底焊宜用于小直径焊条、小焊接电流、直线形运条焊接。多层焊缝的填充层及盖面层焊缝,应根据具体情况分别选用直线形、月牙形、锯齿形运条。多层多道焊时,宜采用直线形运条。

(3)当 T 形接头的焊脚尺寸较小时,可选用单层焊,用直线形、斜圆圈形或锯齿形运条方法;当焊脚尺寸较大时,宜采用多层焊或多层多道焊,打底焊都采用直线形运条方法,其后各层的焊接可选用锯齿形、斜圆圈形运条方法。多层多道焊宜选用直线形运条方法焊接。

(4)搭接、角接平角焊时,运条操作与 T 形接头平角焊运条相似。

(5)船形焊的运条操作与开坡口对接平焊相似。

二、立焊位置的焊接特点、操作要点及运条方法

1. 焊接特点

(1)熔化金属在重力的作用下易向下流淌,形成焊瘤、咬边、夹渣等缺陷,焊缝成形不良;

(2)熔池金属与熔渣容易分离;

(3)T 形接头焊缝根部容易产生未焊透现象;

(4)焊接过程和熔透程度容易控制;

(5)焊接生产效率较平焊低;

(6)采用短弧焊接。

2. 操作要点

(1)保持正确的焊条角度;

(2)选用较小的焊条直径和较小的焊接电流,采用短弧焊接;

(3)根据具体情况保持适当的焊条角度,如图 5.4 所示。

3. 选用正确的运条方法

(1)I 形坡口对接向上立焊时,可选用直线形、锯齿形、月牙形运条和跳弧法焊接。

(2)开其他形坡口对接立焊时,第一层焊缝常用跳弧法或摆幅不大的月牙形、三角形运条法焊接,其后可采用月牙形或锯齿形运条方法。

(3)T 形接头立焊时,运条操作与开其他坡口对接立焊相似。为防止焊缝两侧咬边、根

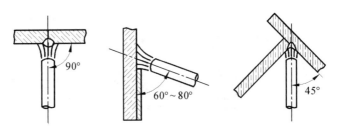

图 5.4　立焊位置焊条角度图示

部未焊透,点弧应在焊缝两侧及顶角有适当的停留时间。

(4)焊缝盖面层应根据对焊缝表面的要求选用运条方法。焊缝表面要求稍高的可采用月牙形运条方法;如只要求焊缝表面平整的可采用锯齿形运条方法。

三、横焊位置的焊接特点、操作要点及运条方法

1.焊接特点

(1)熔化金属受重力作用易向下流淌,造成坡口上侧产生咬边缺陷,下侧形成焊瘤或未焊透;

(2)其他形式坡口的对接横焊,常选用多层多道焊施焊法,防止熔化金属下淌;

(3)焊接电流较平焊焊接电流略小。

2.操作要点

(1)选用小直径焊条、小焊接电流、短弧操作,能较好地控制熔化金属流淌。

(2)厚板横焊时打底焊缝以外的焊缝,宜采用多层多道焊法施焊。

(3)多层多道焊时,要特别注意控制焊道间的重叠距离。每道叠焊,应在前一道焊缝的1/3 处开始焊接,以防止焊缝产生凹凸不平的现象。

(4)根据具体情况保持适当的焊条角度,如图5.5 所示。

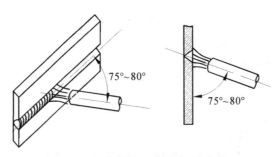

图 5.5　横焊位置焊条角度图示

3.选用正确的运条方法

(1)开 I 形坡口对接横焊时,正面焊缝采用直线往返形运条方法较好,背面焊缝选用直线形运条方法,焊接电流可适当加大。

(2)开其他形坡口对接多层横焊、间隙较小时,可采用直线形运条方法;间隙较大时,打底层可采用直线往返形运条方法;其后各层多层焊时,可采用斜圆圈形运条方法;多层多道

焊时,宜采用直线形运条方法。

四、仰焊位置的焊接特点、操作要点及运条方法

1.焊接特点

(1)熔化的金属因重力作用易下坠,造成熔滴过渡和焊缝成形较困难;

(2)熔池金属温度高,熔池尺寸大;

(3)焊缝正面容易形成焊瘤、背面则会出现内凹缺陷;

(4)流淌的熔化金属以飞溅形式扩散,若防护不当,容易造成烫伤事故;

(5)仰焊比其他空间位置焊接效率低。

2.操作要点

(1)为便于熔滴过渡,焊接过程中应采用短弧焊接;

(2)打底层焊接应采用小直径和小电流施焊,以免焊缝两侧产生凹陷和夹渣;

(3)根据具体情况保持适当的焊条角度,如图5.6所示。

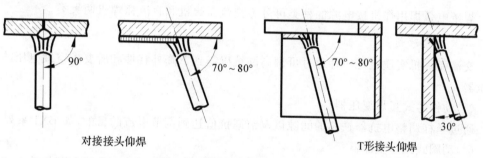

对接接头仰焊　　　　　　　　　　　　　　　T形接头仰焊

图 5.6　仰焊位置焊条角度图示

3.选用正确的运条方法

(1)开Ⅰ形坡口对接仰焊时,直线形运条方法适用于小间隙焊接,直线往返形运条方法适用于大间隙焊接。

(2)开其他形坡口对接多层仰焊时,打底层焊接的运条方法,应根据坡口间隙的大小,选用直线形或直线往返形运条方法,其后各层可选用锯齿形或月牙形运条方法。多层多道焊宜采用直线形运条方法。无论采用哪一种运条方法,每一次向熔池过渡的熔化金属质量均不宜过多。

(3)T形接头仰焊时,焊脚尺寸如果较小,可采用直线形或直线往返形运条方法,由单层焊接完成。若焊脚尺寸较大,可用多层或多层多道焊施焊;第一层宜采用直线形运条方法,其后各层可选用斜三角形或斜圆圈形运条方法。

5.6　焊条电弧焊设备

焊条电弧焊常用的设备有焊机和焊钳、保温筒等辅助工具。

一、焊条电弧焊对焊机的要求

为使焊条电弧焊过程的电弧燃烧稳定,不发生断弧,对焊条电弧焊用焊机提出下列基本要求。

1.为满足引燃焊接电弧的要求,空载电压一般控制在80～90V(旋转式直流焊机空载电压最大不超过100V,该产品现在已淘汰)。

2.能承受焊接回路短时间的持续短路,要求焊机能限制短路电流值,使之不超过焊接电流的50%,防止焊机因短路过热而烧坏。

3.具有良好的动特性。短路时,电弧、电压等于零,要求恢复到工作电压的时间不超过0.05s,与此同时,要求短路电流的上升速度应为15～180kA/s。

4.具有足够的电流调节范围和功率,以适应不同的焊接需要。

5.使用和维修方便。

二、常用焊机的介绍

焊条电弧焊用焊机按电源的种类可分为交流弧焊机和直流弧焊机两大类。

1.交流弧焊机

交流弧焊机实质上是一种通过可调高漏抗以得到下降外特性和所要求空载电压的降压变压器。

(1)动铁芯式弧焊变压器

通过丝杠调整电抗器铁芯的间隙以调节漏抗值达到调节电流的目的,如BX1系列。

(2)动圈式弧焊变压器

通过调整一次与二次线圈之间的耦合距离,以调整漏抗值,从而达到调节焊接电流的目的,如BX3系列。

以上两种交流焊机为目前一般钢结构制作、安装领域中应用最广泛的电焊机。

(3)抽头式弧焊变压器

通过改变变压器线圈抽头达到调整焊接参数的目的。由于抽头变换装置受功率的限制且不能连续调节参数,只适用于小功率焊机,但价格低廉,在小型企业制作、安装轻型结构和家庭装修、维修领域得到广泛的应用。如BX6系列。

2.直流弧焊机

按变流的方式不同又分为弧焊整流器、逆变弧焊机等。

常用弧焊整流器主要有动铁芯式(ZXE1系列)、动圈式(ZX3系列)、磁放大器式(ZX系列)和晶闸管式(ZX5系列)。

逆变弧焊机是一种新型、高效、节能的直流焊接电源,这种焊机具有极高的综合指标。目前我国市场上的逆变弧焊机以晶闸管逆变弧焊机居多,这种直流电焊机与直流弧焊发电机、硅整流弧焊机、晶闸管整流弧焊机相比,具有效率高、空载损耗小、输出电流稳定、节能、节材、焊机体积小、质量轻等优点。

三、焊条电弧焊的辅助设备及工具

1. 焊钳

用于夹持焊条并传导电流进行焊接的工具。主要有 160A 型、300A 型、500A 型。

2. 面罩和滤光玻璃

面罩是为防止焊接时产生的飞溅、弧光及其他辐射对焊工面部及颈部造成损伤的一种遮盖工具,通常有头盔式和手持式。滤光玻璃是指用以遮蔽焊接时产生的有害光线的黑色玻璃。

3. 焊条保温筒

可使焊条保持一定的温度。重要的焊接结构用低氢型焊条焊接时,焊前焊条必须在 250~400℃的条件下烘干,并且保温 1~2h。焊条从烘箱中取出后应放在焊条保温筒内送到施工现场。在现场施工时,焊条随用随逐根地从焊条保温筒内取出。

5.7　焊接示例

用手机扫以下二维码观看焊条电弧焊的操作过程。

焊条电弧焊

复习思考题

5.1　焊条电弧焊的特点是什么?

5.2　焊接接头形式有哪些?分别有什么特点?

5.3　施焊时,焊条运条包括哪些基本方向?

5.4　怎样正确选择手工电弧焊的焊接工艺参数?

5.5　为什么说焊缝起头处易出现熔深浅的现象?操作时如何防止?

5.6　简述平焊位置的焊接特点、操作要点及运条方法。

5.7　焊条电弧焊对焊机的要求有哪些?

参考资料

[1] 邱言龙,聂正斌,雷振国. 焊工实用技术手册[M]. 北京:中国电力出版社,2008.

第6章 气体保护焊

6.1 概述

一、气体保护焊的定义

用外加气体作为电弧介质并保护电弧和焊接区的电弧焊称为气体保护电弧焊,简称气体保护焊。

二、气体保护焊的特点

气体保护焊与其他焊接方法相比,具有以下特点。

(1)电弧和熔池的可见性好,焊接过程中可根据熔池情况调节焊接参数。

(2)焊接过程操作方便,没有熔渣或很少有熔渣,焊后基本上不需清渣。

(3)电弧在保护气流的压缩下热量集中,焊接速度较快,熔池较小,热影响区窄,焊件焊后变形小。

(4)有利于焊接过程的机械化和自动化,特别是空间位置的机械化焊接。

(5)焊接过程无飞溅或飞溅很小。

(6)可以焊接化学活泼性强和易形成高熔点氧化膜的镁、铝、钛及其合金。

(7)适宜薄板焊接。

(8)能进行脉冲焊接,以减少热输入。

(9)在室外作业时,需设挡风装置,否则气体保护效果不好,甚至很差。

(10)电弧的光辐射很强。

(11)焊接设备比较复杂,比焊条电弧焊设备价格高。

三、气体保护焊常用的保护气体

气体保护焊常用的保护气体有氩气、氦气、氮气、二氧化碳、水蒸气以及混合气体等。气体保护焊常用保护气体的特点及应用见表6.1。

表 6.1 气体保护焊常用保护气体的特点及应用

气体名称	化学性质	主要特点	应用
氩气	惰性气体	(1)氩气电离势比氦气低,在同样的弧长下,电弧电压较低。所以,用同样的焊接电流,氩弧焊比氦弧焊产生的热量小,因此,手工钨极氩弧焊最适宜焊接厚度在 4mm 以下的金属。 (2)氩气比空气重,氩气大约比氦气重 10 倍,因此,在平焊和平角焊时,只需要少量的氩气就能使焊接区受到良好的保护。 (3)电弧稳定性比氦气保护更好。 (4)氩弧焊引弧容易,这对减小薄板焊接起弧点金属组织的过热倾向很有好处。 (5)具有良好的清理作用,最适用于焊接易形成难熔氧化皮的金属。 (6)能较好地控制仰焊和立焊熔池,所以,往往推荐用于仰焊和立焊。由于氩气重于空气,所以,在焊接过程中,保护效果比氦气差。 (7)自动焊接速度大于 635mm/min 时,会产生气孔和咬边。 (8)价格比氦气便宜	用于焊接化学性质较活泼的金属:铝及铝合金;含铝量较高的铁基合金;钛及钛合金;不锈钢手工氩弧焊;黄铜、铝青铜表面堆焊;镍基合金;硅青铜;硅钢;钴基合金;镁及镁合金;马氏体时效钢;重要的低碳钢板、钢管打底焊缝等
氦气	惰性气体	(1)氦气的电离势较高,用同样的电流焊接,氦弧焊产生的热量会更多,因此,更适用于焊接厚度较大和导热性好的金属。 (2)氦气的质量只有空气的 14%,焊接过程中气体流量大,更适用于仰焊和爬坡立焊。 (3)热影响区小,采用大的热输入和高的焊接速度,能保证热影响区小,从而使焊接变形也减小,焊缝金属具有较高的力学性能。 (4)自动焊时,焊接速度大于 635mm/min 时,用氦弧焊,焊缝中的气孔和咬边都比较少。 (5)氦气成本高,来源也不足,这就限制了它的使用	经化学清洗过的铝合金用直流正接焊接,会产生稳定的焊接电弧。用于焊接无氧铜,还能用于高速自动焊焊接镍基合金、不锈钢钛及钛合金等
氩-氦混合气体	惰性气体	(1)氩弧焊的电弧柔软,便于控制。氦弧焊的电弧具有较大的熔深,而用按体积计算的 He80%＋Ar 20%的氩-氦混合气体保护焊,兼有上述两个优点,是典型的氩-氦混合气体。 (2)氦气在低流量时,保护作用较大,而氩气在高流量时保护作用最大。试验结果表明:He80%＋Ar20%混合气体的保护作用介于上述两种情况之间	广泛应用于自动焊,用于铝合金厚板的焊接
氩-氧混合气体	氧化性	(1)采用氧化性气体保护焊接,可以细化过渡熔滴,克服电弧阴极斑点飘移及焊道边缘咬边等缺陷。 (2)降低了保护气体的成本。 (3)可以增加母材的输入热量,提高焊接速度。 (4)只能用于熔化极气体保护焊中,在钨极气体保护焊中,混合气体将加速钨电极的氧化。 (5)有助于稳定电弧,减少焊接飞溅	用于喷射过渡及对焊缝要求较高的焊接

续表

气体名称	化学性质	主要特点	应用
二氧化碳气体	氧化性	(1)适用于熔滴短路过渡。 (2)电弧穿透力强,熔深较大。熔池体积较小,热影响区窄,焊件焊后的变形小。 (3)抗锈能力强,抗裂性能好。 (4)大电流焊接时,焊缝表面的成形不如埋弧焊和氩弧焊的焊缝平滑,飞溅较多	用于焊接碳钢和低合金钢
氩-氧-二氧化碳混合气体	氧化性	有较好的熔深,可以在不同的气体比例下焊接不锈钢或高强度钢,气体比例为 Ar：O₂：CO₂＝97：2：5。焊接碳钢及低合金钢时,各气体的比例为 Ar：O₂：CO₂＝80：15：5	焊接不锈钢时,用于脉冲喷射过渡、短路过渡和喷射过渡
氮气	还原性	(1)氮气能显著增加电弧电压,产生很大的热量,氮气的热传导效率要比氩气或氦气高得多,在提高焊接速度、降低成本上能获得很好的经济效果。 (2)热输入量增大,可以降低或取消预热措施。 (3)焊接过程有烟雾或飞溅	只能用于铜及铜合金的气体保护焊
氮-氩混合气体	还原性	电弧较强,比氮弧焊容易操作和控制,输入热量比纯氩气大,用 Ar80％＋N₂20％的混合气体焊接,有一定的飞溅	只能用于铜及铜合金的气体保护焊

四、气体保护焊的分类及应用范围

气体保护焊的分类方法有多种,有按保护气体不同分类的;有按电极是否熔化分类的等。常用的气体保护焊的分类方法及应用见表6.2。

表 6.2　常用的气体保护焊的分类方法及应用

分类方法	名称	应用	备注
钨极氩弧焊	手工钨极氩弧焊 机械化钨极氩弧焊 脉冲钨极氩弧焊	薄板焊接、卷边焊接、小管对接、根部焊道的焊接、根部焊道有单面焊双面成形要求的焊接	加焊丝或不加焊丝
熔化极气体保护焊	半机械化熔化极氩弧焊	小批量、不能进行全自动焊接的铝及铝合金、不锈钢等材料的中、厚板焊接,30mm 厚板平焊可一次焊成	加焊丝
	机械化熔化极氩弧焊	适用于中等厚度铝及铝合金板的焊接,还可以焊接铜及铜合金、不锈钢;更换焊炬后可以进行低碳钢、合金钢、不锈钢的埋弧焊,还可以对上述金属材料进行熔化极混合气体保护焊	
	半机械化熔化极氦弧焊	铝及铝合金、不锈钢等材料的全位置焊接	
	机械化熔化极氦弧焊	适用于不锈钢、耐高温合金及其他化学性质活泼的金属材料的全位置焊接	
	CO₂ 气体保护焊	低碳钢、合金钢的焊接	

6.2　熔化极气体保护焊

一、熔化极气体保护焊原理

熔化极气体保护焊是目前应用十分广泛的焊接方法。利用焊丝与工件间的电弧热量来熔化焊丝和母材金属,并向焊接区域输送保护气体,使电弧、熔化的焊丝、熔池及附近的母材金属得到保护。连续送进的焊丝不断熔化过渡到熔池,与熔化的母材一起形成焊缝。熔化极气体保护焊对焊接区的保护简单、方便,焊接区便于观察,焊枪操作方便,生产效率较高,有利于实现全位置焊接,容易实现机械化和自动化。熔化极气体保护电弧焊的过程如图6.1 所示。

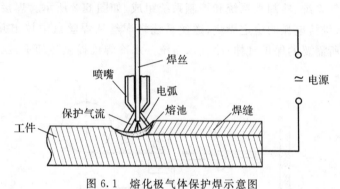

图 6.1　熔化极气体保护焊示意图

二、熔化极气体保护焊的分类及特点

1. 熔化极气体保护焊的分类

由于不同的保护气体及焊丝形式对电弧特性和冶金反应及焊缝成形都明显不同,因此,通常按照保护气体的种类和焊丝形式的不同来分类。

(1)按焊丝的形式分类:根据所采用的焊丝形式的不同,熔化极气体保护焊可分为实心焊丝气体保护焊和药芯焊丝气体保护焊。

(2)按保护气体分类:根据保护气体的不同,熔化极气体保护焊可分为三种,分别是熔化极惰性气体保护电弧焊(简称 MIG 焊)、熔化极氧化性混合气体保护焊(简称 MAG 焊)和 CO_2 气体保护电弧焊(简称 CO_2 焊)。

2. 熔化极气体保护焊的特点

熔化极气体保护焊可用于焊接碳钢、低合金钢、不锈钢、耐热合金钢、铝及铝合金、镁合金、铜及铜合金等;不适于焊接低熔点或低沸点的金属,如铅、锡、锌等。其优缺点如下。

(1)优点

1)熔化极气体保护焊可焊接金属的厚度范围较广,最薄可达 1mm,最厚几乎不受限制。

2)焊接效率高,焊丝连续送进,省去手工电弧焊换焊条的时间;不需清理熔渣,特别在多层多道焊中,优势更为明显;焊丝的电流密度较大,大大提高了焊缝金属的熔敷速度。

3)在相同的电流下,熔化极气体保护焊可获得比手工电弧焊更大的熔深。

4)焊接薄板时,速度快、变形小。

(2)缺点

1)灵活性差,进行熔化极气体保护焊时,焊枪必须靠近工件,对焊接区的空间有一定的尺寸要求。

2)由于电弧和熔池受气体保护,因此焊接区周围要避免较大的空气流动,在室外该焊接方法受到一定的限制。

3)焊接设备和焊接辅助设备相对复杂,焊枪不够轻便。

三、熔化极气体保护焊的设备

熔化极气体保护电弧焊的设备可分为半自动焊和自动焊两种类型,焊接设备主要由焊接电源、焊枪、供气系统、冷却水系统和控制系统组成,如图6.2所示。焊接电源提供焊接过程所需要的能量,维持电弧的稳定燃烧;送丝系统将焊丝从焊丝盘中拉出并送给焊枪;供气系统提供焊接时所需要的保护气体;冷却水系统为水冷焊枪提供冷却水;控制系统控制整个焊接程序。

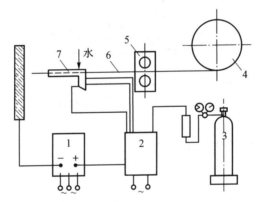

1—焊接电源;2—控制装置;3—保护气体;4—焊丝盘;5—送丝轮;6—焊丝;7—焊枪。

图6.2 熔化极气体保护电弧焊的设备组成

1.焊接电源

熔化极气体保护电弧焊的电源通常采用直流焊接电源,有变压器-整流器式、电动机-发电机式和逆变电源式。焊接电源的额定功率取决于各种用途所需要的电流范围,常见国产熔化极气体保护焊设备的型号及性能见表6.3。

表6.3 常见国产熔化极气体保护焊设备的型号及性能

型号	名　称	外特性	额定电流(A)	应用特点
NBA2-200	半自动熔化极脉冲氩弧焊机	硅整流,垂直下降	200	可控金属过渡,用于铝、不锈钢的半自动全位置焊
NBA-400	半自动氩弧焊机	硅整流,平特性	400	用于铝、不锈钢的焊接,送丝平稳

型号	名　　称	外特性	额定电流（A）	应用特点
NZA－1000	自动氩弧焊机	硅整流，缓降特性	1000	适于中厚板的自动焊接，可当埋弧焊机用
NBC1－300	半自动 CO$_2$ 弧焊机	可控硅整流，平特性	300	适于焊接角焊缝，熔敷系数高，生产率高
NBC－160	半自动 CO$_2$ 弧焊机	硅整流，平特性	160	适于薄板钢结构的短路过渡
NBC1－250	半自动 CO$_2$ 弧焊机	硅整流，平特性	250	可进行 1.5～5mm 厚钢板的焊接
NBC1－500－1	半自动 CO$_2$ 弧焊机	硅整流，平特性	500	焊接低碳钢、不锈钢、合金钢
MM－350	MAG 焊脉冲半自动焊机	晶体管整流	350	低碳钢 MAG 脉冲焊、低碳钢 MAG 短路焊、CO$_2$ 焊

2. 送丝系统

送丝系统主要由送丝机构（包括电动机、减速器、校直轮、送丝轮）、送丝软管、焊丝盘组成。

3. 焊枪

熔化极气体保护焊焊枪分为半自动焊枪和自动焊枪，焊枪内部装有导电嘴。为了保证接触可靠，可采用适合于不同焊丝尺寸、材料和类型的紫铜导电嘴。焊枪还有一个向焊接区输送保护气体的通道和喷嘴，喷嘴和导电嘴可以更换。

常用的半自动焊枪有鹅颈式和手枪式两种。鹅颈式焊枪适合于小直径焊丝，使用灵活方便，对于空间较窄区域的焊接通常采用该焊枪进行；手枪式焊枪适合于较大直径的焊丝，它要求冷却效果要好，通常采用内部循环水冷却。

自动焊枪的基本结构与半自动焊枪相同，一般采用内部循环水冷却，其载流量较大，可达 1500A，焊枪直接装在焊接机头的下部，焊丝通过送丝轮和导丝管送进焊枪。

4. 供气系统和冷却水系统

供气系统由高压气瓶、减压器、浮子流量计和电磁气阀组成。对于二氧化碳气体，还需要安装预热器、高压干燥器和低压干燥器，用来吸收气体中的水分，防止焊缝中产生气孔。

水冷式焊枪的冷却水系统由水箱、水泵、冷却水管和水压开关组成。水箱里的冷却水经水泵流经冷却水管，经过水压开关后流入焊枪，然后经冷却水管再回流至水箱，形成冷却水循环。水压开关的作用是保证冷却水只有流经焊枪，才能正常启动焊接，用来保护焊枪。

5. 控制系统

控制系统由基本控制系统和程序控制系统组成。

基本控制系统主要包括焊接电源输出调节系统、送丝速度调节系统、小车行走速度调节系统（自动焊）和气体流量调节系统。它们的主要作用是在焊前和焊接过程中调节焊接电流或电压、送丝速度、焊接速度和气体流量的大小。

程序控制系统的主要作用是:(1)控制焊接设备的启动和停止;(2)实现提前送气、滞后停气;(3)拉制水压开关动作,保证焊枪受到良好的冷却;(4)控制送丝速度和焊接速度;(5)控制引弧和熄弧。

熔化极气体保护焊的引弧方式一般有三种:爆断引弧、慢送丝引弧和回抽引弧。爆断引弧是指焊丝接触通电的工件,使焊丝与工件相接处熔化,焊丝爆断后引弧。慢送丝引弧是指焊丝缓慢向工件送进,直到电弧引燃;回抽引弧是指焊丝接触工件后,通电回抽焊丝引燃电弧。熄弧方式一般有电流衰减(送丝速度也相应衰减,填满弧坑)和焊丝反烧(先停止送丝,经过一段时间后切断电源)两种。

6.3 CO_2 气体保护焊焊接工艺参数

一、保护气体

1. CO_2 气体的性质

CO_2 气体是无色有酸味的气体,密度为 $1.977 kg/m^3$,比空气重,常温下,CO_2 气体加压至 $5\sim7 MPa$ 时变成液体,常温下的液态 CO_2 比水轻,沸点为 $-78℃$。在 $0℃$ 和 $0.1 MPa$ 时,$1 kg$ 的液态 CO_2 可产生 $509 L$ 的气体。

CO_2 有三种状态:固态、液态和气态。不加压力直接冷却时,CO_2 气体可直接由气态变成固态,称之为干冰。温度升高时,干冰升华直接变成气体。由于干冰升华时产生的 CO_2 气体中含有大量的水分,因此不能用来焊接。

2. CO_2 气体的提取及储运

目前,我国焊接使用的 CO_2 气体主要是酿造厂、化工厂的副产品,含水量较高,纯度不稳定。为了保证焊接质量,使用时一般要对 CO_2 气体进行处理。储藏和运输 CO_2 气体的装置主要是 CO_2 气瓶。规定 CO_2 气瓶的主体喷成黑色,用黄漆标明"二氧化碳"字样。

CO_2 气体的纯度对焊接质量的影响很大,随着 CO_2 气体中水分的增加,焊缝金属中的扩散氢含量也增加,容易出现气孔,焊缝的塑性变差,因此要求焊接用 CO_2 气体的纯度不低于 99.5%。

3. CO_2 气体中水分的排除方法

(1)当气瓶中液态的 CO_2 用完后,气体的压力将随着气体的消耗而下降,气体里的水分增加,当气瓶内的气体压力降到 $1 MPa$ 时,应停止使用。

(2)使用前将新灌的气瓶倒置 $1\sim2 h$ 后,打开阀门,排除沉积在下面的自由状态的水,每隔半小时放一次,需放 $2\sim3$ 次,然后将气瓶正立,开始使用。

(3)更换新的气体时,先放气 $2\sim3 min$,以排除装瓶时混入的空气和水分;必要时可在气路中设置高压干燥器和低压干燥器。

二、焊丝

采用 CO_2 气体保护焊时,CO_2 气体在电弧的高温区分解为一氧化碳并放出氧气,氧化作用较强,容易产生气孔和飞溅及合金元素的烧损。为了防止产生气孔、减少飞溅和保证焊缝的力学性能,要求焊丝中要有足够的合金元素。一般在 CO_2 气体保护焊的焊丝中添加一定量的硅和锰联合脱氧,硅和锰按一定百分比合成的硅酸锰盐,它的密度小,容易从熔池中浮出,不会产生夹渣。CO_2 气体保护焊对焊丝的化学成分有以下要求:

1. 焊丝必须含有足够数量的脱氧元素,防止产生气孔和减少焊缝金属中的含氧量。

2. 焊丝的含碳量要低,一般要求含碳量不大于 0.11%,如果含碳量过高,会增加气孔和飞溅的产生。

3. 焊丝的化学成分要保证焊缝金属有较好的力学性能和抗裂性能。

由于焊丝表面的清洁程度直接影响焊缝金属中的含氢量,因此,在焊接前应采取必要的措施,清除掉焊丝表面的水分和污物。

H108Mn2SiA 焊丝日前在 CO_2 气体保护焊中应用比较广泛,具有较好的工艺性能、力学性能和抗裂能力,用于焊接低碳钢、屈服强度小于 500MPa 的低合金钢以及部分低合金高强钢。

三、熔滴过渡

CO_2 气体保护焊时,焊丝的熔化和熔滴过渡是在 CO_2 气体中进行的,CO_2 气体在电弧热作用下将发生分解,该反应是吸热反应,它对电弧有较强的冷却作用,所以对焊丝金属的过渡产生很大的影响。电弧燃烧的稳定性和焊缝成形的好坏取决于熔滴过渡的形式。焊丝直径和焊接电流不同,熔滴过渡的形式也不同。实际生产中常用的熔滴过渡形式有短路过渡和颗粒过渡两种形式。

四、焊接工艺参数

正确选择焊接工艺参数是保证焊接质量、提高生产效率的重要条件。CO_2 气体保护焊的工艺参数主要包括焊丝直径、焊接电流、电弧电压、焊接速度、焊丝的伸出长度、气体流量、电源极性等。

1. 焊丝直径

实心焊丝的 CO_2 气体保护焊焊丝直径的范围较小,一般直径在 0.4～5mm 范围。通常半自动焊多采用直径为 0.4～1.6mm 的焊丝,而自动焊常采用较粗的焊丝,其直径为 1.6～5mm。直径在 1.0mm 以下的焊丝使用的电流范围较小,通常熔滴过渡以短路过渡为主;而较粗焊丝使用的电流范围较大,直径在 1.2～1.6mm 的焊丝可采用短路过渡和颗粒过渡两种形式;直径在 2.0mm 以上的粗焊丝基本上为颗粒过渡。

焊丝直径对焊丝的熔化速度影响较大,当焊接电流一定时,焊丝越细,熔化速度越快,同时熔深也增加。

焊丝直径主要根据焊件的厚度、焊接位置以及效率等要求来选择,焊丝直径的选择见表 6.4。

表 6.4　焊丝直径的选择

焊丝直径（mm）	工件厚度（mm）	熔滴的过渡形式	焊接位置
0.4~0.8	0.4~4	短路过渡	全位置
1.0~1.2	1.5~12	短路过渡	全位置
		细颗粒过渡	平焊、横角焊
1.2~1.6	2~25	细颗粒过渡	平焊、横角焊
		短路过渡	全位置
≥2.0	中厚板	细颗粒过渡	平焊、横角焊

2. 焊接电流

焊接电流是重要的焊接工艺参数。焊接电流的大小主要取决于送丝速度，送丝速度增加，焊接电流也随之增加。此外，焊接电流的大小还与电源极性、焊丝的伸出长度、气体成分及焊丝直径有关。

焊接电流对焊缝的熔深影响大。当焊接电流在 60~250A 范围内、以短路过渡形式焊接时，飞溅较小，焊缝熔深较浅，一般在 1~2mm，当焊接电流达到 300A 以上时，熔深开始明显增大，随着焊接电流的增加，熔深也增加，焊接电流主要根据工件厚度、焊丝直径及焊接位置来选择。每种焊丝直径都有一个合适的焊接电流范围，只有在这个范围内，焊接过程才能够稳定进行。焊丝直径与焊接电流的关系见表 6.5。

表 6.5　焊丝直径与焊接电流的关系

焊丝直径（mm）	焊接电流（A）	焊丝直径（mm）	焊接电流（A）
0.6	40~100	1.0	80~250
0.8	50~160	1.2	110~350
0.9	70~210	1.6	≥300

3. 电弧电压

电弧电压是一个重要的焊接参数，它的大小直接影响焊接过程的稳定性、熔滴的过渡特点、焊缝成形以及焊接飞溅和冶金反应等。短路过渡时弧长较短，并带有均匀密集的爆破声，随着电弧电压的增加，弧长也增加，这时电弧的爆破声不规则，同时飞溅明显增加。进一步增加电弧电压，一直可达到无短路过程。相反，随着电弧电压的降低，弧长变短，出现较强的爆破声，可以引起焊丝与焊件短路。

短路过渡时，焊接电流一般在 200A 以下，这时电弧电压在较小的范围内变动，电弧电压与焊接电流的关系可用下式来计算。立焊和仰焊时的电弧电压比平焊时要低些。

$$U = 0.04I + 16 \pm 2$$

当焊接电流在 200A 以上时，即使采用较小的电弧电压，也难以获得稳定的短路过渡过程。因此，这时电弧电压往往很高，可用下式来计算，这时基本上不发生短路，飞溅较小且电弧稳定。

$$U = 0.04I + 20 \pm 2$$

在粗丝情况下,焊接电流在 500A 以上时,电弧电压一般在 40V 左右。短路过渡 CO_2 焊接时,焊接电流与电弧电压的关系见表 6.6。

表 6.6　短路过渡 CO_2 焊时焊接电流与电弧电压的关系

焊接电流(A)	电弧电压(V)	
	平焊	立焊和仰焊
70~120	18~21.5	18~19
120~170	19~23.5	18~21
170~210	19~24	18~22
210~260	21~25	—

电弧电压对焊缝成形的影响也十分明显,当电弧电压升高时,熔深变浅,熔宽明显增加,余高减小,焊缝表面平坦。相反,当电弧电压降低时,熔深变深,焊缝表面窄而高。

4. 焊接速度

在焊接电流和电弧电压一定的情况下,焊接速度增加时,焊缝的熔深、熔宽和余高均减小。如果速度过快,容易出现咬边及未熔合现象;速度减小时,焊道变宽,变形量增加,效率降低。一般半自动焊接时,焊接速度控制在 20~60cm/min 比较合适。

5. 焊丝的伸出长度

焊丝的伸出长度是指导电嘴到工件之间的距离,焊接过程中,合适的焊丝伸出长度是保证焊接过程稳定的重要因素之一。

由于 CO_2 气体保护焊的电流密度较高,当送丝速度不变时,如果焊丝的伸出长度增加,焊丝的预热作用增强,焊丝熔化的速度加快,电弧电压升高,焊接电流减小,造成熔池温度降低,热量不足,容易引起未焊透等缺陷;同时电弧的保护效果变弱,焊缝成形不好,熔深较浅,飞溅较多。当焊丝的伸出长度减小时,焊丝的预热作用减小,熔深较深,飞溅少,影响电弧的观察,导电嘴容易过热烧坏,不利于操作。

焊丝的伸出长度对焊缝成形的影响见图 6.3。

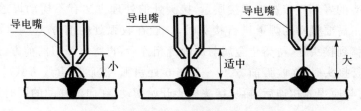

图 6.3　焊丝伸出长度对焊缝成形的影响

6. 保护气体的流量

保护气体的流量不但影响焊接冶金过程,同时对焊缝的形状与尺寸也有显著影响。在正常焊接情况下,保护气体的流量与焊接电流有关,一般在 200A 以下焊接时为 10~15L/min,在 200A 以上焊接时为 15~25L/min。保护气体的流量过大或过小都会影响保护效果。

影响保护效果的另一个因素是焊接区附近的风速,在风的作用下保护气流被吹散,使电弧、熔池及焊丝端头暴露于空气中,破坏保护。实践证明,当风速≥2m/s时,焊缝中的气孔将明显增加。

7. 电流极性

CO_2 保护焊时一般都采用直流反接。此时焊接过程稳定,飞溅较小。直流正接时,在相同的焊接电流下,焊丝的熔化速度大大提高,约为反接时的1.6倍,而熔深较浅,焊缝余高很大,飞溅增多。因此,CO_2 气体保护焊正极性焊接主要用于堆焊、铸铁补焊及大电流高速焊接。

8. 焊枪角度

焊枪的倾角很小时,对焊缝成形没有明显的影响;当倾斜角度过大时,对焊缝成形有很大影响。半自动气体保护焊经常采用左焊法。当焊枪与工件呈前倾角时,电弧始终指向待焊部分,容易观察和控制熔池,熔深较浅,焊缝较宽,余高较小,焊缝成形较好。当焊枪与工件呈后倾角时,焊缝较窄,余高大,焊缝成形不好。

6.4 CO_2 气体保护焊焊接技术[1]

一、焊枪操作的基本要领

1. 引弧时,首先要使焊枪喷嘴到工件保持正常焊接时的距离,使焊丝伸出一定的长度。按下焊枪开关,焊机自动提前送气,然后供电和送丝,当焊丝与工件接触短路时,自动引燃电弧。在短路时,焊丝对焊枪有一反作用力,将焊枪向上推起。因此在引弧时,要握紧焊枪,保证喷嘴与工件间的距离。

2. 收弧时,与手工电弧焊不同。CO_2 气体保护焊在焊接结束时,松开焊枪开关,保持焊枪到工件的距离不变,待弧坑填满后,电弧熄灭。电弧熄灭时,仍保持延迟送气一段时间,保证熔池凝固时得到很好的保护,等送气结束时,再移开焊枪。

3. 焊道接头的好坏直接影响焊接质量,接头处的处理方法有不摆动焊道接头和摆动焊道接头。当对不需要摆动的焊道进行接头时,一般在收弧处的前方10~20mm处引弧,然后将电弧快速移到接头处,待熔化金属与原焊缝相连后,再将电弧引向前方,进行正常焊接。对摆动焊道进行接头时,在收弧前方10~20mm处引弧,然后以直线方式将电弧带到接头处,待熔化金属与原焊缝相连后,再从接头中心开始摆动,在向前移动的同时逐渐加大摆幅,转入正常焊接。

二、平焊操作技术

对于薄板对接一般都采用短路过渡。随着工件厚度的增大,大都采用颗粒过渡,这时熔深较大,可以提高单道焊的厚度或减小坡口尺寸。对于中等厚度的钢板,可以采用I形坡口进行双面单层焊,也可以开坡口进行单面或双面焊。

以12mm厚的钢板为例,开V形坡口进行焊接,焊接工艺参数见表6.7。

表 6.7 焊接工艺参数

焊接层	焊丝直径（mm）	焊丝伸出长度(mm)	焊接电流（A）	电弧电压（V）	气体流量（L/min）
打底层	1.2	20～25	90～110	17～20	10～15
填充层	1.2	20～25	210～240	23～27	18～20
盖面层	1.2	20～25	230～250	24～26	18～20

1. 打底焊

打底焊时,如果坡口角度较小,熔化的金属容易流到电弧前面去,而产生未焊透的缺陷。在焊接时可采取右焊法,直线式移动焊枪。当坡口角度较大时,应采用左焊法和小幅度摆动焊枪。当采用左焊法时,一般电弧在坡口两侧稍做停留,保证坡口两侧熔合良好。

2. 填充焊

填充焊时如果采用单层焊,要注意摆动幅度要适当加大,使坡口的两侧熔合良好,保证焊道表面平整并略向下凹,同时还要保证不能将棱边熔化,使焊道表面距离坡口上棱边1.5～2mm为好。如果采用多层焊,要注意焊接次序、摆动手法及焊缝宽度等。

3. 盖面焊

盖面焊时的摆动幅度要比填充焊时大,尽量保证焊接速度均匀,以获得良好的外观成形;要保证熔池边缘超过工件表面0.5～1.5mm,并防止咬边。

三、平角焊操作技术

根据工件厚度的不同,平角焊可分为单层单道焊和多层焊。

1. 单道焊

当焊脚高度小于8mm时,可采用单道焊。单道焊时工件厚度不同,焊枪的指向位置和倾角也不同。当焊脚高度小于5mm时,焊枪指向根部;当焊脚高度大于5mm时,焊枪的指向距离根部1～2mm。焊接方向一般为左焊法,焊接电流应小于350A。

2. 多层焊

由于平角焊使用大电流受到一定的限制,当焊脚尺寸大于8mm时,就应采用多层焊。多层焊时,为了提高生产率,一般焊接电流都比较大。大电流焊接时,要注意各层之间及各层与底板和立板之间要熔合良好。最终角焊缝的形状应为等焊脚,焊缝表面与母材过渡平滑。根据实际情况要采取不同的工艺措施。例如,焊脚尺寸为8～12mm的角焊缝,一般分两层焊道进行焊接。第一层焊道电流要稍大些,焊枪与垂直板的夹角要小,并指向距离根部2～3mm的位置。第二层焊道的焊接电流应适当减小,焊枪指向第一层焊道的凹陷处,并采用左焊法,可以得到等焊脚尺寸的焊缝。

当要求焊脚尺寸更大时,应采用三层以上的焊道。

四、立焊操作技术

根据工件厚度的不同,CO_2 气体保护焊可以采用向下立焊或向上立焊两种方式。一般厚度小于 6mm 的工件采用向下立焊,大于 6mm 的工件采用向上立焊。立焊的关键是保证熔池金属不流淌,熔池与坡口两侧熔合良好。

1. 向下立焊

向下立焊时,为了保证熔池金属不下淌,一般焊枪应指向熔池,并与焊接方向保持 60°～80°的倾角。电弧始终对准熔池的前方,利用电弧的吹力来托住熔池金属,一旦有熔池金属下淌的趋势时,应使焊枪的前倾角增大,并加速移动焊枪,利用电弧力将熔池金属推上去。向下立焊主要使用细焊丝、较小的焊接电流和较快的焊接速度,典型的焊接工艺参数见表 6.8。

表 6.8　向下立焊时对接焊缝的焊接工艺参数

工件厚度 (mm)	根部间隙 (mm)	焊丝直径 (mm)	焊接电流 (A)	电弧电压 (V)	焊接速度 (cm/min)
2.0	1.0	1.0	85～95	18～19.5	45～55
3.2	1.5	1.2	140～160	19～20	35～45
4.0	1.8	1.2	140～160	19～20	35～40

2. 向上立焊

当工件的厚度大于 6mm 时,应采用向上立焊。向上立焊时的熔深较大,容易焊透。但是由于熔池较大,使熔池金属流失倾向增加,一般采用较小的焊接工艺参数,熔滴过渡采用短路过渡形式。向上立焊时焊枪位置及角度很重要,如图 6.4 所示。通常向上立焊时焊枪都要做一定的横向摆动。直线焊接时,焊道容易凸出,焊缝外观成形不良并且容易咬边,多层焊时,后面的填充焊道容易焊不透。在焊接时,摆动频率和焊接速度要适当加快,严格控制熔池的温度和大小,保证熔池与坡口两侧充分熔合。当需要焊脚尺寸较大时,应采用月牙形摆动方式,在坡口中心处移动速度要快,而在坡口两侧要稍加停留,以防止咬边,要注意焊枪摆动要采用上凸的月牙形,不要采用下凹月牙形。因为下凹月牙形的摆动方式容易引起熔池金属下淌和咬边,使焊缝表面下坠,成形不好。向上立焊的单道焊时,焊道表面平整光滑,焊缝成形较好,焊脚尺寸可达到 12mm。

图 6.4　向上立焊时的焊枪角度

当焊脚尺寸较大时,一般要采用多层焊接。多层焊接时,第一层打底焊要采用小直径的焊丝、较小的焊接电流和小摆幅进行焊接,注意控制熔池的温度和形状,仔细观察熔池变化,保证熔池不要太大。填充焊时焊枪的摆动幅度要比打底焊时大,焊接电流也要适当加大,电弧在坡口两侧稍加停留,保证各焊道之间及焊道与坡口两侧很好地熔合。焊盖面焊道时,摆动幅度要比填充焊时大,应使熔池两侧超过坡口边缘 0.5~1.5mm。

五、横焊操作技术

横焊时,熔池金属在重力作用下有自动下垂的倾向,在焊道的上方容易产生咬边,焊道的下方易产生焊瘤。因此在焊接时,要注意焊枪的角度及限制每道焊缝的熔敷金属量。

1. 单层单道焊

对于较薄的工件,焊接时一般进行单层单道横焊,此时可采用直线形或小幅度摆动方式。单道焊道一般都采用左焊法,焊枪角度如图 6.5 所示,当要求焊缝较宽时,要采用小幅度的摆动方式。横焊时摆幅不宜过大,否则容易造成熔池金属下淌,多采用较小的焊接工艺参数进行短路过渡,横向对接焊的典型焊接工艺参数见表 6.9。

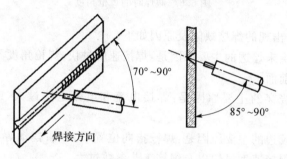

图 6.5 横焊时的焊枪角度

表 6.9 横向对接焊缝的焊接工艺参数

工件厚度(mm)	装配间隙(mm)	焊丝直径(mm)	焊接电流(A)	电弧电压(V)
≤3.2	0	1.0~1.2	100~150	18~21
3.2~6.0	1~2	1.0~1.2	100~160	18~22
≥6.0	1~2	1.2	110~210	18~24

2. 多层焊

对于较厚工件的对接横焊,要采用多层焊接。在多层焊接中,中间填充层焊道的焊接工艺参数可稍大些,而盖面焊时,焊接电流应适当减小。

六、仰焊操作技术

仰焊时,操作者处于不自然的位置,很难稳定操作;同时由于焊枪及电缆较重,给操作者增加了操作的难度;仰焊时的熔池处于悬挂状态,在重力作用下很容易造成熔池金属下落,主要靠电弧的吹力和熔池的表面张力来维持平衡,如果操作不当,容易产生烧穿、咬边及焊道下垂等缺陷。

1. 单层单道焊缝

薄板对接时经常采用单面焊,为了保证焊透工件,一般装配时要留有 1.2~1.6mm 的间隙,使用细焊丝短路过渡焊接。

焊接时焊枪要对准间隙中心,焊枪角度见图 6.6,采用右焊法,应以直线形或小幅度摆动焊枪,焊接时仔细观察电弧和熔池,根据熔池的形状及状态适当调节焊接速度和摆动方式。

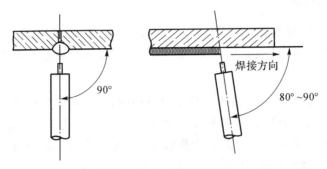

图 6.6　仰焊时的焊枪角度

单面仰焊时经常出现的焊接缺陷及原因如下:

(1)未焊透。产生未焊透的主要原因是:焊接速度过快;焊枪角度不正确;焊接速度过慢时,熔化的金属流到前面。

(2)烧穿。产生烧穿的主要原因是:焊接电流和电弧电压过大,或者是焊枪的角度不正确。

(3)咬边。产生咬边的主要原因是:焊枪指向位置不正确;摆动焊枪时在两侧的停留时间不够或没有停留;焊接速度过快以及焊接工艺参数过大。

(4)焊道下垂。焊道下垂一般是由焊接电流、电压过高或焊接速度过慢所致,焊枪操作不正确及摆幅过小也可造成焊道下垂。

2.多层焊

如果工件较厚,需开坡口,此时应采用多层焊接。多层焊的打底焊与单层单道焊类似。填充焊时要掌握好电弧在坡口两侧的停留时间,保证焊道之间、焊道与坡口之间熔合良好。填充焊的最后一层焊缝表面应距离工件表面 1.5～2mm,不要将坡口棱边熔化。盖面焊应根据填充焊道的高度适当调整焊接速度及摆幅,保证焊道表面平滑,两侧不咬边,中间不下坠。

七、CO_2 气体保护焊的常见缺陷及产生原因

CO_2 气体保护焊时往往由于焊接设备、焊接材料及焊接工艺等因素的影响而产生气孔、飞溅及电弧不稳定等缺陷。

1.气孔

产生气孔的原因有很多,如焊丝或母材有油、锈及水等;气体纯度不够或气体压力不足;导气管或喷嘴以及焊接区风力过大等。

2.飞溅

CO_2 气体保护焊的飞溅较大,其产生的主要原因是:送丝速度不均匀;电弧电压过高;焊丝与工件表面未清理干净及导电嘴磨损过大等。

3.电弧不稳

造成电弧不稳的主要原因有:焊机输出电压不稳定;送丝轮的压紧力不合适;送丝软管

的阻力过大或焊丝有打结现象;导电嘴的内孔过大或导电嘴磨损过大。

4. 未熔合

未熔合的缺陷主要是由于焊接工艺参数不合适或操作方法不正确造成的。为了避免产生未熔合现象,应做到接头的坡口角度及间隙要合适,保证合适的焊丝伸出长度,使坡口根部能够完全熔合,操作时焊枪的横向摆动在两侧的坡口面上要有足够的停留时间,焊枪的角度要正确。

6.5 焊接示例

用手机扫以下二维码观看半自动 CO_2 气体保护焊药芯焊丝的操作过程。

气体保护焊

复习思考题

6.1 气体保护焊与其他焊接方法相比,有什么特点?

6.2 请简述熔化极气体保护焊的工作原理。

6.3 CO_2 气体保护焊时,对 CO_2 气体中水分的排除方法有哪些?

6.4 CO_2 气体保护焊时,对焊丝的化学成分有哪些要求?

6.5 CO_2 气体保护焊的工艺参数主要有哪些? 如何正确选择焊接工艺参数?

6.6 请比较 CO_2 气体保护焊不同位置的焊接技术要求。

6.7 CO_2 气体保护焊的常见缺陷有哪些? 其产生的原因是什么?

参考资料

[1] 邱言龙,聂正斌,雷振国. 焊工实用技术手册[M]. 北京:中国电力出版社,2008.

第7章 埋弧焊

7.1 概述

埋弧焊指电弧在焊剂层下燃烧进行焊接的方法。埋弧焊时电弧热将焊丝端部及电弧附近的母材和焊剂熔化,熔入的金属形成熔池,凝固后成为焊缝,熔融的焊剂形成熔渣,凝固成为渣壳覆盖于焊缝表面,如图7.1所示。

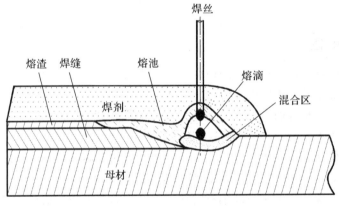

图 7.1　埋弧焊工作原理

一、埋弧焊的特点

1.埋弧焊的优点

(1)生产率高。埋弧焊时焊接电流大,则电流密度高,见表7.1,由于熔渣具有隔热作用,所以热效率高,熔深大。单丝埋弧焊在焊件Ⅰ形坡口的情况下,熔深可达20mm,同时埋弧焊的焊接速度高,厚度 8～10mm 的钢板对接焊时,单丝埋弧焊的焊接速度 50～80cm/min,而焊条电弧焊仅为 10～13cm/min。为了提高生产效率,还可以应用多丝焊接。

表 7.1　焊接电流、电流密度的对比

焊条、焊丝直径（mm）	埋弧焊		焊条电弧焊	
	焊接电流（A）	电流密度（A/mm²）	焊接电流（A）	电流密度（A/mm²）
2	200～400	63～125	50～65	16～25

续表

焊条、焊丝直径（mm）	埋弧焊		焊条电弧焊	
	焊接电流（A）	电流密度（A/mm^2）	焊接电流（A）	电流密度（A/mm^2）
3	350～600	50～85	80～130	11～18
4	500～800	40～63	125～200	10～16
5	700～1000	30～50	190～250	10～18

（2）焊接接头质量好。焊剂的存在,保护了电弧及熔池,避免了环境的影响,而且熔池凝固缓慢,熔池冶金反应充分,对防止气孔、夹渣、裂纹的形成很有利。同时通过焊剂可向熔池内渗合金,以提高焊缝金属的力学性能。可以说,在通用的各种焊接方法中,埋弧焊的质量最好、效率最高。

（3）自动调节。埋弧焊时,焊接参数可自动调节、保持稳定,这样既保证了焊缝的质量,又减轻了焊工的劳动强度。

（4）劳动条件好。由于埋弧,没有电弧光的辐射,焊工的劳动条件较好。

2. 埋弧焊的缺点

埋弧焊不足的是:由于埋弧,电弧与坡口的相对位置不易控制。必要时应采用焊缝自动跟踪装置,防止焊偏;由于使用颗粒状焊剂,所以非平焊位置不宜采用埋弧焊,若采用埋弧焊则应有特殊的工艺措施,如使用磁性焊剂等;设备一次性投资大。

二、埋弧焊的焊接过程

埋弧焊的焊接过程如图 7.2 所示。焊剂由漏斗下端的软管流出后,均匀地堆敷在装配好的母材上,堆敷高度一般约 40～60mm。焊丝由送丝机构送进,经导电嘴送往焊接区。焊接电源的两极,分别接导电嘴和母材,而送丝机构、焊丝盘、焊剂漏斗和操纵盘等全部都装在

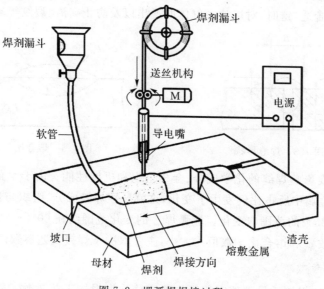

图 7.2　埋弧焊焊接过程

一个行走机构(焊车)上,焊接时按下启动按钮,焊接过程便可进行。

三、埋弧焊的应用范围

由于埋弧具有上述优点,所以它广泛地应用于工业生产的各个部门和领域,如:金属结构、桥梁、造船、铁路车辆、工程机械、化工设备、锅炉与压力容器、冶金机械、武器装备等,是国内外焊接生产中最普遍的焊接方法。

埋弧焊还可以在基体表面上堆焊,以提高金属的耐磨、耐腐蚀等性能。

埋弧焊除广泛地应用于碳素钢、低合金结构钢、不锈钢、耐热钢等的焊接外,还可以用于焊接镍基合金和铜合金,使用无氧焊剂还可以焊接钛合金。

7.2 焊接工艺参数

一、焊缝形状与焊接工艺参数的一般概念

1.焊缝形状系数和熔合比

焊缝形状是指焊缝的横截面而言,如图 7.3 所示,B 为焊缝宽度,H 为焊接熔池深度,h 为余高。熔焊时,单道焊缝金属横截面上,焊缝宽度 B 与焊缝计算厚度 H 的比值 $\varphi = B/H$ 称为焊缝形状系数;被熔化的母材质量为 F_B,焊接材料的质量为 F_A,形成的焊缝金属质量为 $F_A + F_B$。被熔化的母材在焊缝金属中所占的百分比,称为熔合比 $\gamma = F_B/(F_A + F_B)$,如图 7.4 所示。

焊缝形状系数 φ(又称成形系数),对焊缝内部质量的影响非常大,当 φ 选择不当时,会使焊缝内部生成气孔、夹渣、裂纹等缺陷。φ 值可变动于 0.5~10 范围。一般情况下,控制 φ 值在 1.3~2 为合适,这时,对熔池中气体的逸出以及防止夹渣、裂纹等缺陷都是有利的。

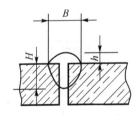

图 7.3 焊缝形状

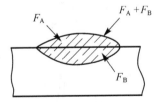

图 7.4 熔合比

熔合比 γ 主要影响焊缝的化学成分、金相组织和机械性能。由于 γ 的变化反映了填充金属在整个焊缝金属中所占比例发生了变化,这就导致焊缝成分、组织与性能的变化。γ 的数值可在 10%~85% 的范围内变化。埋弧焊 γ 的变化范围约在 60%~70%。

焊缝成形系数 φ 和熔合比 γ 数值的大小,主要取决于焊接工艺参数。

2. 焊接工艺参数

焊接时,为保证焊接质量而选定的诸物理量总称为焊接工艺参数。对于埋弧自动焊来说,其主要参数有焊接电流、电弧电压和焊接速度等。另外,焊丝直径、焊件预热温度等都是

焊接工艺参数。

二、焊接工艺参数的选择对焊缝形状和尺寸的影响

1.焊接电流对焊缝形状的影响

当其他参数不变,焊接电流变化时,对焊缝宽度 B、焊接熔池深度 H 和余高都有直接影响。当焊接电流增加时,熔深 H 增加,焊丝熔化量增加,使焊缝余高增加,焊缝宽度 B 变化不大,使形状系数 φ 下降,熔合比 γ 上升。

2.电弧电压对焊缝形状的影响

当其他参数不变时,电弧电压的变化对焊缝宽度 B、焊接熔池深度 H 和余高也有影响。随着电弧电压的增加,焊缝宽度有明显增加,而熔深和余高下降。由于电弧电压的增加,实际上就是电弧长度的增加,这样电弧的摆动作用加剧,使焊件加热面积加大,焊剂熔化的量增加,而焊丝熔化量变化不大,电弧对熔池金属的搅动减弱,使熔宽增加,熔深、余高减小。

3.焊接速度对焊缝形状的影响

焊接速度的变化,会直接影响电弧热量的分配情况,即影响线能量的大小并影响弧柱的倾斜程度,对焊缝形状的影响是非常显著的。当其他条件不变时,随着焊接速度增加,使焊接线能量减小,熔宽明显地变窄。过分增加焊接速度,会造成未焊透和边缘未熔合,此时将焊丝指向焊接方向倾斜(前倾)适当的角度,对改进焊缝未熔合是有利的。

4.焊丝伸出长度的影响

当焊丝伸出长度增加时,电阻也增加,导致电阻热增加,使焊丝熔化加快,结果使熔深 H 减少,熔合比 γ 也减少。这对于小于 $\phi3mm$ 的细直径焊丝影响显著,故对伸出长度的波动范围应加以控制,一般为 $5\sim10mm$。

5.电流种类和极性的影响

一般情况下,电弧阳极区温度较阴极区高。但在用高锰高硅含氟焊剂进行埋弧焊时,电弧空间的电离势增加,这样气体电离后,正离子释放至阴极的能量也增加了,这就使阴极的温度提高,并大于阳极的温度。因而此时若采用直流正接,焊丝为阴极,其熔化速度大于母材的熔化速度,使焊缝熔深 H 减小,余高 h 增大。反之用反接时,便可增加熔深 H。使用交流焊接电源时,对焊缝形状的影响介于直流正、反接之间。

6.装配间隙与坡口的影响

焊件的装配间隙或坡口越大,使焊缝熔合比 γ 数值越小。对厚板来说,开坡口和留间隙是为了获得较大的熔深 H,同时可降低余高 h。

7.焊剂的影响

在其他条件相同时,用高硅高锰酸性焊剂焊接,比用低硅碱性焊剂,能得到光洁平整的焊缝,因为该焊剂熔化后的黏度有利于焊缝成形。而用碱性焊剂时,弧长短,熔深 H 大。此外,细颗粒、大电流情况下,能得到较大熔深和宽而平坦的焊缝表面。细颗粒、低电流情况下,获得焊缝成形不好。一般在大电流使用细颗粒焊剂,小电流使用大颗粒焊剂。堆散层高度一般在 $25\sim40mm$ 范围,随电流、焊丝直径增加而增加。

三、焊接工艺参数选择原则和选择方法

1. 选择原则

正确的焊接工艺参数主要是保证:①电弧稳定;②焊缝形状尺寸合适;③表面成形光洁整齐;④内部无气孔、夹渣、裂纹、未焊透等缺陷;⑤保证质量的前提下,要有高的生产率;⑥消耗的电能和焊接材料少。

2. 选择方法

埋弧焊工艺参数的选择可根据:①查表确定;②进行试验后确定;③经验确定。不论哪种方法确定的工艺参数,都必须在实际生产中加以修正。

7.3　埋弧焊的焊接技术[1]

一、焊前准备

1. 坡口加工

由于埋弧焊可以使用较大的线能量,故一般厚度小于 14mm 的钢板不开坡口,仍能保证焊透和良好的焊缝成形。当厚度为 14~22mm 时,开 V 形坡口;厚度为 22~50mm 时,可开 X 形坡口;在 V 形、X 形的坡口中,坡口角度为 60°~70°,以利于提高焊接质量和生产率。坡口加工方法,可使用刨边机、气割机或碳弧气刨等设备,加工后的坡口边缘必须平直。

2. 清理焊接区域

焊接前,需将坡口及接头焊接部位的表面锈蚀、油污、氧化皮、水等清除干净,可使用手工清除(钢丝刷、风动手砂轮、风动钢丝轮等)、机械清除(喷砂、抛丸)和氧乙炔火焰烘烤等方法进行。

3. 焊件装配

焊件装配质量的好坏直接影响焊缝质量。焊件装配必须保证间隙均匀、高低平整。装配时所使用的焊材要与母材性能相匹配,定位焊的位置一般应在第一道焊缝的背面,长度为 30~50mm。在直缝焊件装配时,两端还需加引弧板和引出板,这样不但增大装配后的刚性,还可以避免在引弧和收尾时出现缺陷。

二、埋弧焊焊接技术

1. 建筑钢结构常用母材与焊材的匹配

埋弧焊用焊接材料包括焊丝和焊剂。埋弧焊时焊丝与焊剂在焊接熔池内与母材一起进行冶金反应,从而对焊接工艺性能、焊缝金属的化学成分、组织性能均产生影响。所以,正确地选择焊丝与焊剂很重要,建筑钢结构埋弧焊常用母焊材匹配见表 7.2。

表 7.2　建筑钢结构埋弧焊常用母焊材匹配表

母材材质	焊丝型号		焊丝直径(mm)	焊剂牌号
Q235	H08A		φ3.2、φ4.0、φ5.0	HJ431、SJ301、SJ101
Q355	不开坡口	H08A	φ3.2、φ4.0、φ5.0	HJ431、SJ301、SJ101
	开坡口	H08MnA		
Q355+Q235	H08A		φ3.2、φ4.0、φ5.0	HJ431、SJ301、SJ101

2. 对接直缝焊接技术

对接直缝的焊接方法有两种基本类型,即单面焊和双面焊。它们又可分为有坡口(或间隙)和无坡口(或间隙)的情况。同时,根据钢板厚薄不同,又可分为单层焊和多层焊。

(1)不留间隙、无坡口的双面埋弧焊焊接技术

一般对厚度在 14mm 以下钢板的对接焊缝可不开坡口,不留间隙,装配定位焊后,其局部间隙应不大于 0.8mm,正面第一道焊缝很关键,应保证不要烧穿。为此,焊接工艺参数要稍小些,熔深能达到焊件的 1/2 厚度即可。焊反面时,电流可适当放大,熔透深度应达到焊件厚度的 60%~70%,熔透的重叠度达 2mm 左右,以保证焊透。焊接工艺参数见表 7.3。

表 7.3　不留间隙、无坡口的双面埋弧焊焊接工艺参数

焊件厚度(mm)	焊丝直径(mm)	焊接顺序	焊接电流(A)	焊接电压(V)	焊接速度(m/h)
6	3.2	正面	340~360	32~34	36~40
		反面	460~480		
8	4.0	正面	420~460	34~36	36~40
		反面	520~580		
10	4.0	正面	480~520	34~36	36~40
		反面	640~680		
12	4.0	正面	560~600	36~38	36~40
		反面	700~750		
14	5.0	正面	720~780	36~38	34~38
		反面	820~880		

(2)不留间隙、开坡口的双面埋弧焊焊接技术

对于板厚≥16mm 的厚板,可采用开坡口焊接。当板厚≤22mm 时,开 V 形坡口,大于 22mm 时,开 X 形坡口,坡口角度一般为 60°~70°,钝边厚度为 6~8mm。焊接时,采用直流反接,焊接工艺参数见表 7.4。

表7.4 不留间隙,开坡口的双面埋弧焊焊接工艺参数

焊件厚度 (mm)	坡口	焊丝直径 (mm)	焊接顺序	焊接电流 (A)	焊接电压 (V)	焊接速度 (m/h)
16		5	正面	720～780	38～40	26～30
			反面	820～860		
18		5	正面	720～770	38～40	26～30
			反面	820～870		
20～22		5	正面	820～860	38～40	24～28
			反面	900～950		

3. 角焊缝焊接技术

钢结构制造中,角焊缝的焊接分为船形位置焊和平角位置焊,如图 7.5 所示。

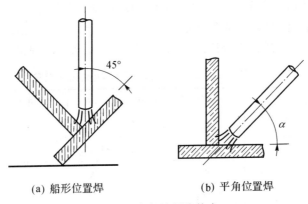

(a) 船形位置焊   (b) 平角位置焊

图 7.5 角焊缝焊接技术

(1)船形位置焊(简称船形焊):船形焊熔深对称,焊缝成形好,对装配质量要求较严,间隙不宜大于1mm,间隙过大时,宜用手工焊先补焊,然后再进行埋弧焊。船形焊焊接工艺参数见表7.5。

表7.5 船形焊焊接工艺参数

焊脚尺寸 (mm)	焊接直径 (mm)	焊接电流 (A)	焊接电压(V)		焊接速度 (m/h)
			交流	直流(反接)	
6	3	500～525	34～36	30～32	45～47
	4	575～600			52～54
8	3	550～600	34～36	32～34	28～30
	4	575～625	33～35		30～32
	5	675～725	32～34		30～32
10	3	600～650	33～35	32～34	20～23
	4	650～700	34～36		23～25
	5	725～775	34～36		23～25

焊脚尺寸 (mm)	焊接直径 (mm)	焊接电流 (A)	焊接电压(V)		焊接速度 (m/h)
			交流	直流(反接)	
12	3	600～650	34～36	32～34	12～14
	4	700～750	34～36		16～18
	5	775～825	36～38		18～20

(2)平角位置焊(简称平角焊):平角焊对装配质量要求不高,对间隙的敏感性小。单道焊的焊脚不宜超过 8mm。超过时,可用多道焊。焊接时,焊丝位置要严加控制,焊丝与竖直面的夹角 α 应保持在 15°～45°的范围内(一般为 20°～30°),并选择距竖直面适当的距离。电弧电压不宜太高,这样可使熔渣减少,防止熔渣流溢。当焊丝位置不当时,易出现竖直面咬边或未熔合现象。此外,使用细焊丝能保持电弧稳定,并可以减少熔池的体积,以防止熔池金属流溢。平角焊焊接工艺参数见表 7.6。

表 7.6　平角焊焊接工艺参数

焊脚尺寸(mm)	焊丝直径(mm)	焊接电流(A)	焊接电压(V)	焊接速度(m/h)
4	3	350～370	28～30	53～55
6	3	450～470	28～30	58～60
	4	480～500		
8	3	500～530	30～32	44～46
	4	670～700	32～34	48～50

7.4　埋弧焊焊接缺陷产生的原因及防止方法

埋弧焊同其他各种熔焊方法一样,由于材料、设备、工艺等诸多方面因素的影响,也会产生焊接缺陷。金属熔化焊焊接缺陷可分为很多种类,这里着重介绍以下三种。

一、裂纹

一般情况下,埋弧焊产生两种裂纹:热裂纹(也叫结晶裂纹)和冷裂纹(也叫氢致裂纹)。

结晶裂纹发生在焊缝金属上。由于焊缝中的杂质在焊缝结晶过程中形成低熔点共晶,结晶时被推挤在晶界,形成液态薄膜,凝固收缩时焊缝金属受拉应力作用,液态薄膜承受不了拉应力而形成裂纹。所以,要控制焊缝金属中杂质的含量,减少低熔点共晶物的生成。同时焊缝形状对结晶裂纹的形成有明显的影响,熔宽与熔深之比小,易形成裂纹,熔宽与熔深之比大,抗结晶裂纹性较高。

氢致裂纹常发生于焊缝金属或热影响区,特别是低合金钢、中合金钢和高强度钢的热影响区易产生氢致裂纹。防止氢致裂纹的措施如下:

(1)减少氢的来源,采用低氢焊剂,并注意焊剂的防潮,使用前应严格烘干。焊丝和焊件坡口附近的锈、油污、水分等要清除干净。

（2）选择合理的焊接参数，降低钢材的淬硬程度，改善应力状态，使之有利于氢的逸出，必要时采取预热措施。

（3）采用后热或焊后热处理，使之有利于氢的逸出，并消除应力，改善组织，提高焊接接头的延性；改善焊接接头设计，防止应力集中，降低接头的拘束度；选择合适的坡口形式，降低裂纹的敏感性。

二、夹渣

埋弧焊时的夹渣与焊剂的脱渣性有关，与坡口形式、焊件的装配情况及焊接工艺有关。S101 比 HJ431 的脱渣性好，特别是窄间隙埋弧焊和小角度坡口焊接时，SJ101 对防止夹渣的产生极为有利。

焊缝成形对脱渣情况有明显的影响，平面凸的焊缝隙比深凹或咬边的焊缝更易脱渣。多层焊时，若前道焊缝与坡口边缘熔合充分，则易脱渣。深坡口焊时，多道焊夹渣的可能性小。

三、气孔

1.焊接坡口及附近存在的油污、锈等，在焊接时产生大量的气体，促使气孔的产生，故焊前必须将其清除干净。

2.焊剂中的水分、污物和氧化铁屑都促使气孔的产生。焊剂的保管要防潮，焊剂使用前要按规范严格烘干，回收使用的焊剂应筛选。

3.焊剂的熔渣黏度过大不利于气体的释放，在焊缝表面产生气孔。SJ402 焊剂抗气孔能力优于 HJ431，这是由于 SJ402 熔渣的碱度偏低，熔渣有较高的氧化性，有助于防止氢气孔的产生；若焊剂中氟化钙的含量较高，高温下熔渣黏度低，有利于熔池中气体的逸出；焊剂中加入有效的脱氧剂，防止一氧化碳气孔的产生。

4.磁偏吹及焊剂覆盖不良等工艺都促使气孔的产生，施焊时应注意防止。

5.环境因素及板材的初始状态与气孔的产生有关。相对湿度高的环境易产生气孔，5℃以下时，空气中的水分冷凝成水附在板材表面，焊接时进入熔池形成气孔，为防止气孔的产生，应用火焰对焊件坡口处进行烘干，使水分蒸发。

7.5 埋弧焊机

埋弧焊电源可以用交流、直流或交直流并用。对于单丝、小电流（300～500A），可用直流电源，也可以采用矩形波交流弧焊电源；对于单丝、中大电流（600～1000A），可用交流或直流电源；对于单丝、大电流（1200～1500A），宜用交流电源。

弧焊逆变器作为弧焊电源的新发展，其特点是高效节能、体积小、质量轻，具有多种外特性，具有良好的动特性和弧焊工艺性能，调节速度快而且焊接参数可以无级调节。

埋弧焊机分为半自动化焊机和自动化焊机两大类。

一、半自动化焊机

半自动化焊机主要由控制箱、送丝机构、带软管的焊接手把组成,典型的焊机技术数据见表 7.7。

表 7.7 MB-400A 型自动化埋弧焊机的技术数据

电源电压(V)	220
工作电压(V)	25~40
额定焊接电流(A)	400
额定负载持续率(%)	100
焊丝直径(mm)	1.6~2
焊丝盘容量(kg)	18
焊剂漏斗容量(L)	0.4
焊丝送进速度的调节方法	晶闸管调速
焊丝送进方式	等速
配用电源	ZX-400

二、自动化焊机

常用的自动化埋弧焊机有等速送丝和变速送丝两种,一般由机头、控制箱、导轨（或支架）组成。

等速送进式焊机的焊丝送进速度与电弧电压无关,焊丝送进速度与熔化速度之间的平衡只依靠电弧自身的调节作用就能保证弧长及电弧燃烧的稳定性。

变速送进式焊机又称为等压送进式焊机,其焊丝送进速度由电弧电压反馈控制,依靠电弧电压对送丝速度的反馈调节和电弧自身调节的综合作用,保证弧长及电弧燃烧的稳定性。表 7.8 是常用的自动化埋弧焊机的主要技术数据。

表 7.8 常用的自动化埋弧焊机的主要技术数据

型号	MZ-100	MZ1-1000	MZ2-1500	MZ-2×1600	MZ9100	MU-2×300	MU1-1000-1
焊机特点	焊车	焊车	悬挂机头	双焊丝	悬臂单头	双头堆焊	带极堆焊
送丝方式	变速	等速	等速	直流等速 交流变速	变速 等速	等速	变速
焊丝直径 (mm)	3~6	1.6~5	3~6	3~6	3~6	1.6~2	厚 0.4~0.8 宽 30~80
焊接电源 (A)	400~1000	200~1000	400~1500	DC1000 AC1000	100~1000	160~300	400~1000
送丝速度 (cm/min)	50~200	87~672	47.5~375	50~417	50~200	160~540	25~100

续表

型号	MZ-100	MZ1-1000	MZ2-1500	MZ-2×1600	MZ9100	MU-2×300	MU1-1000-1
焊接速度 (cm/min)	25~117	26.7~210	22.5~187	16.7~133	10~80	32.5~58.3	12.5~58.3
焊接电流 的种类	交、直	交、直	交、直	直、交	直	直	直
配用电源	ZX-1000	BX2-1000 ZX-1000	BX2-2000 或 ZX-1600	BX2-2000 ZX-1600	ZX-1000	AXD-300-1	ZX-1000

7.6　焊接示例

用手机扫以下二维码观看埋弧焊的操作过程。

埋弧自动焊

复习思考题

7.1　埋弧焊的特点包括哪些?

7.2　焊接工艺参数的选择对焊缝形状和尺寸的影响有哪些方面?

7.3　埋弧焊常见缺陷有哪些? 缺陷产生的原因是什么? 如何防止缺陷的产生?

参考资料

[1] 邱言龙,聂正斌,雷振国. 焊工实用技术手册[M]. 北京:中国电力出版社,2008.

第8章 电渣焊

8.1 概述

一、电渣焊工作原理[1]

电渣焊是利用电流通过液体熔渣所产生的电阻热进行焊接的方法。图 8.1 是电渣焊焊接过程示意图,焊前先把工件垂直放置,在两工件之间留有约 20～40mm 的间隙,在工件下端装有起焊槽,上端装引出板,并在工件两侧表面装有焊缝水冷成形滑块。开始焊接时,使焊丝与起焊槽短路起弧,不断加入少量固体焊剂,利用电弧的热量使之熔化,形成液态熔渣,待熔渣达到一定深度时,提高焊丝送进速度,并降低电弧电压,使焊丝插入渣池,电弧熄灭,转入电渣焊焊接过程。由于液态熔渣具有一定的导电性,当焊接电流从焊丝端部经过渣池流向工件时,在渣池内产生大量电阻热,其温度可达 1600～2000℃,将焊丝和工件边缘熔化,熔化的金属沉积到渣池下面形成金属熔池。随着焊丝不断送进,熔池底部冷却凝固形成焊缝,同时焊丝不断熔化并进入熔池使熔池不断上升。由于熔渣始终浮于金属熔池上部,不仅保证了电渣焊过程的顺利进行,而且对金属熔池起到了良好的保护作用。随着焊接熔池的不断上升和焊缝的形成,焊丝送进机构和焊缝成形滑块也不断向上移动,从而保证焊接过程连续地进行,一直焊到引出板,焊接结束。焊后再将引出板和起焊槽割除。

二、电渣焊特点

1.电渣焊适于大厚度的焊接,焊件均为Ⅰ形坡口,只留一定尺寸的装配间隙便可一次焊接成形,所以生产率高、焊接材料消耗较少。

2.电渣焊适于焊缝处于垂直位置的焊接。垂直位置对于电渣焊形成熔池及焊缝的条件最好。电渣焊也可用于倾斜焊缝(与地平面的垂直线夹角≤30°)的焊接。焊缝金属中不易产生气孔及夹渣。

3.焊接热源是电流通过液体熔渣而产生的电阻热。电渣焊时电流主要由焊丝或板极末端经渣池流向金属熔池。电流场呈锥形,是电渣焊的主要产热区,锥形流场的作用是形成渣池的对流,把热量带到渣池底部两侧,使母材形成凹形熔化区。电渣焊的渣池温度可达 1600～2000℃。

4.具有逐渐升温及缓慢冷却的焊接热循环曲线。由于电渣焊的热源特性,使得焊接速度缓慢、焊接热输入较大。电渣焊的热影响区宽度很大,而且高温停留时间比较长,因此热影响区晶粒长大严重。

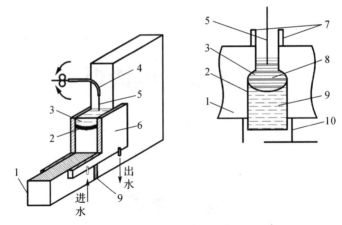

1—焊件;2—熔池;3—渣池;4—导电嘴;5—焊丝;
6—焊缝水冷成形装置;7—引出板;8—熔滴;9—焊缝;10—起焊槽。
图 8.1　电渣焊焊接过程示意图

8.2　电渣焊焊接技术[1]

根据电渣焊使用的电极形状以及是否固定,电渣焊可以分为丝极电渣焊、熔嘴电渣焊、板极电渣焊、管极电渣焊等方法。

一、丝极电渣焊

图 8.2 为丝极电渣焊示意图,用焊丝作为电极,焊丝通过不熔化的导电嘴送入渣池。安装导电嘴的焊接机头随金属熔池的上升而向上移动,焊接较厚的工件时可以采用 2 根、3 根或多根焊丝,还可使焊丝在接头间隙中往复摆动以获得较均匀的熔宽和熔深。

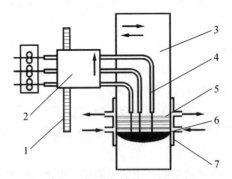

1—导轨;2—焊机机头;3—工件;4—导电嘴;5—渣池;6—金属熔池;7—水冷成形滑块。
图 8.2　丝极电渣焊示意图

丝极电渣焊的工艺参数主要有焊接电压、焊接电流(送丝速度)、熔池深度、装配间隙,此外还有焊丝根数、焊丝干伸长度和焊丝的摆动幅度、摆动速度、摆至两端的停留时间、摆至离工件边缘的距离及冷却水的温度等。这些参数对焊接过程的稳定、接头质量、焊接生产率及制造成本产生很大影响,需要正确选择,见表8.1。

表 8.1 几种常用钢材直焊缝丝极电渣焊焊接工艺参数

被焊工件材料	工件厚度(mm)	焊丝数目(根)	装配间隙(mm)	焊接电流(A)	焊接电压(V)	焊接速度(m/h)	送丝速度(m/h)	渣池深度(mm)
Q235 Q355	50	1	30	520～550	43～47	≈1.5	270～290	60～65
	70	1	30	650～680	49～51	≈1.5	360～380	60～70
	100	1	33	710～740	50～54	≈1	400～420	60～70
	120	1	33	770～800	52～56	≈1	440～460	60～70

这种焊接方法因焊丝在接头间隙中的位置及焊接工艺参数容易调节,使熔宽与熔深易于控制,所以适合于焊缝较长的工件和环焊缝的焊接,也适合对接和 T 形接头的焊接。但是,当采用多丝焊时,焊接设备和操作较复杂,又由于焊机位于焊缝的一侧,只能在焊缝的另一侧安装控制变形的定位铁,防止焊后产角变形。

二、熔嘴电渣焊

图 8.3 为熔嘴电渣焊示意图,它是由焊丝和固定在工件之间并与工件绝缘的熔嘴共同作为熔化电极的一种电渣焊。熔嘴由一根或数根导丝钢管与钢板组成,其形状与被焊工件断面形状相似,它不仅起导电嘴的作用,而且熔化后便成为焊缝金属的一部分。焊丝通过导丝钢管不断向熔池送进。根据工件厚度,可采用一个、两个或多个熔嘴。根据工件断面形状,熔嘴电极的形状可以是不规则的或规则的。焊缝的化学成分可以通过熔嘴及焊丝的化学成分进行调整。表 8.2 是非刚性固定结构形式几种常用材料熔嘴电渣焊的焊接工艺参数。

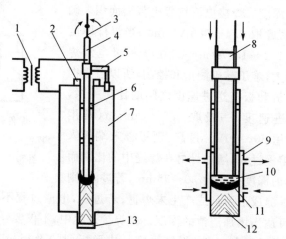

1—电源;2—引出板;3—焊丝;4—熔嘴钢管;5—熔嘴夹持架;6—绝缘块;7—工件;8—熔嘴钢板;9—水冷成形滑块;10—渣池;11—金属熔池;12—焊缝;13—起焊槽。

图 8.3 熔嘴电渣焊示意图

表 8.2　几种常用钢材熔嘴电渣焊焊接工艺参数

被焊工件材料	接头形式	工件厚度（mm）	焊丝数目（根）	装配间隙（mm）	焊接电压（V）	焊接速度（m/h）	送丝速度（m/h）	渣池深度（mm）
Q235 Q355 20# （非刚性固定结构）	对接接头	80	1	30	40～44	≈1	110～120	40～45
		100	1	32	40～44	≈1	150～160	45～55
		120	1	32	42～46	≈1	180～190	45～55
	T形接头	80	1	32	44～48	≈0.8	100～110	40～45
		100	1	34	44～48	≈0.8	130～140	40～45
		120	1	34	46～52	≈0.8	160～170	45～55

　　熔嘴电渣焊的设备简单、体积小、操作方便,目前已成为对接焊缝和 T 形焊缝的主要焊接方法。焊接时,焊机位于焊缝上方,适合于箱体等复杂结构的焊接。由于可采用多个熔嘴,且熔嘴固定于接头间隙中,不易产生短路等故障,所以适合于大截面工件的焊接。熔嘴可做成各种曲线或曲面形状,以适应具有曲线或曲面的焊缝焊接。

三、板极电渣焊

　　图 8.4 为板极电渣焊示意图,其熔化电极为金属板条,根据焊件厚度可采用一块或数块金属板条进行焊接。焊接时,通过送进机构将板极连续不断地向熔池中送进,板极不需做横向摆动。板极可以是铸造的也可以是锻造的,其长度一般约为焊缝长度的 3 倍以上。

　　在正常焊接过程中,主要监控焊接电流（板极送进速度）、焊接电压和渣池深度。焊接电流按板极截面面积来确定,一般板极的电流密度取 $0.4～0.8A/mm^2$,当焊件厚度较小时,可以增加到 $1.2～1.5A/mm^2$。由于板极电渣焊的焊接电流波动范围大,难于准确测量和控制,所以可根据试焊时所得的焊接电流和板极送进速度之间的比例关系,正确地控制板极送进速度,一般取 0.5～20m/h（常用1m/h）。焊接电压常用 30～40V。过高,则板极末端插入渣池过浅,而且母材熔深过大,增加母材在焊缝中的比例而降低抗裂性能。渣池的深度一般为 30～35mm,若过深,则

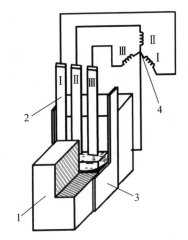

1—焊件;2—焊丝;3—焊缝成形装置;4—电源。

图 8.4　板极电渣焊示意图

母材熔深减小,可能焊缝成形不良或产生未焊透;若过浅,电渣过程不稳。当板极送进速度很大或焊件很厚时,可适当增加渣池的深度。在焊接过程中,不仅要经常检查和调整上述工艺参数,还要注意防止板极与工件、板极与冷却成形板（块）及板极与板极之间产生接触短路。

　　板极电渣焊受板极送进长度和自身刚度的限制,宜用于大截面短焊缝的焊接。与丝极电渣焊相比,板极比丝极容易制备,对于某些难以拔制成焊丝的材料,可以采用板极电渣焊。

四、管极电渣焊

图 8.5 为板极电渣焊示意图,它是熔嘴电渣焊的一个特例。当焊件很薄时,熔嘴即可简化为一根或两根涂有药皮的管子。所以,管极电渣焊的电极是固定在装配间隙中的带有涂料的钢管和管中不断向渣池中送进的焊丝。由于涂料的绝缘作用,管极不会与焊件短路,所以焊件的装配间隙可以缩小,这样就可以节省焊接材料,提高焊接生产率。表 8.3 是非刚性固定结构形式几种常用材料管极电渣焊的焊接工艺参数。

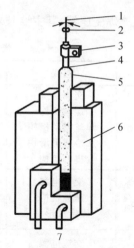

1—焊丝;2—送丝滚轮;3—管极夹持机构;4—管极钢管;5—管极涂料;6—工件;7—成形滑块。

图 8.5 管极电渣焊示意图

管极电渣焊多用于薄板及曲线焊缝的焊接。通过管极上的涂料,还可以适当地向焊缝中渗合金以改善焊缝组织。

表 8.3 几种常用钢材管极电渣焊焊接工艺参数

被焊工件材料	接头形式	工件厚度(mm)	焊丝数目(根)	装配间隙(mm)	焊接电压(V)	焊接速度(m/h)	送丝速度(m/h)	渣池深度(mm)
Q235 Q355 20# (非刚性固定结构)	对接接头	40	1	28	42～46	≈2	230～250	50～60
		60	2	28	42～46	≈1.5	120～140	40～45
		80	2	28	42～46	≈1.5	150～170	45～55
		100	2	30	44～48	≈1.2	170～190	45～55
		120	2	30	46～50	≈1.2	200～220	55～60
	T形接头	60	2	30	46～50	≈1.5	80～100	30～40
		80	2	30	46～50	≈1.2	130～150	40～45
		100	2	32	48～52	≈1.0	150～170	45～55

8.3 电渣焊设备

一、电渣焊设备的组成

各种电渣焊方法的设备组成及要求见表 8.4。电渣焊设备的交流电源可采用三相或单相变压器,直流电源可采用硅弧焊整流器或晶闸管弧焊整流器。电渣焊电源应保证避免发生电弧的放电过程或电渣电弧的混合过程,否则将破坏正常的电渣过程。因此,电源必须是空载电压低、感抗小(不带电抗器)的平特性电源。由于电渣焊的焊接时间长,中间不能停顿,所以焊接电源负载持续率应按 100%考虑。常用的电渣焊电源有 BP1-3×1000 和 BP1-3

×3000 电渣焊变压器，其主要技术数据见表 8.5。

表 8.4　电渣焊设备的组成及要求

方法	组成	基本要求
丝极电渣焊	交流电源 送丝机构 焊丝摆动机构 水冷成形滑块 提升机构	电　源：平或缓降特性 空载电压：35～55V 单极电流：600A 以上 送丝机构：等速控制 调速范围：60～450m/h 摆动机构：行程在 250mm 以下可调，调速范围 20～70m/h 提升机构：等速或变速控制，调速范围 50～80m/h
管极电渣焊	交流电源 送丝机构 固定成形块	
熔嘴电渣焊		
板极电渣焊	交流电源 板极送进机构 固定成形块	板极送进机构：手动或电动，调速范围 20～70m/h

表 8.5　电渣焊变压器的主要参数

型号		BP1-3×1000	BP1-3×3000
一次额定电压(V)		380	380
二次电压的调节范围(V)		38～53.4	7.9～63.3
额定负载持续率(%)		80	100
不同负载持续率时的焊接电流(A)	100%	900	3000
	80%	1000	——
额定容量(kVA)		160	450
相数		3	3
冷却方式		通风机，功率 1kW	一次侧空冷，二次侧空冷

送丝机构的送丝速度可以均匀无级调节；摆动机构的作用是扩大单根焊丝所焊的焊件厚度，其摆动距离、摆动速度、在每一行程终端的停留时间均可控制及调整。由于摆动幅度较大，一般都采用电动机正反转驱动、限位开关换向式结构。

提升机构在焊接过程中可提升焊缝成形滑块，在丝极电渣焊时还要提升送丝及摆动机构。提升机构可以是导轨式，也可以是弹簧夹持式。

送丝机构、摆动机构及提升机构组成了电渣焊机头。

送丝电动机的速度控制器、焊接机头的横向摆动距离及停留时间的控制器、提升机构垂直运动的控制器以及电流表、电压表等组成了电渣焊机的电控系统。

为了保持电渣焊过程所必需的渣池和金属熔池，必须在电渣焊焊缝两侧设置焊缝成形装置，主要用于丝极电渣焊的焊缝成形滑块，该装置分整体式及组合式两种，其材质为纯铜，滑块内部通以冷却水，所以又称水冷却成形滑块。对于熔嘴电渣焊及板极电渣焊，多采用固定式成形块，其结构形式与成形滑块相同，通常在熔池的一侧使用沿焊缝全长的固定成形块，另一侧使用两块较短的成形块，以便装配和焊接时观测渣池深度。此外，在钢结构焊接过程中,也常采用密封侧板为焊缝成形装置,即采用与母材相同材质的板材制成密封侧板,装配时将侧板点焊固定在焊缝位置和焊件侧面。焊接时侧板部分地被熔化并与焊缝熔合在一起,焊后切除或保留在焊件上,这种方法适于熔嘴电渣焊、板极电渣焊的短焊缝以及环焊缝的收尾处。

二、电渣焊机

HS-1000 型万能电渣焊机是国产通用的电渣焊机,用于 1～3 根焊丝或板极电渣焊。S-1000 型万能电渣焊机由导轨提升式自动焊接机头、焊丝盘、控制箱以及电渣焊变压器等部分组成,其主要技术数据见表 8.6。

表 8.6　HS-1000 型万能电渣焊机的主要技术数据

形　式		导轨式
焊接电流(A)	连续(负载持续率 100%)	900
	断续(负载持续率 60%)	1000
焊接电流的调节方式		远距离有级调节
焊接电压(V)		38～53.4
电极尺寸(mm)	焊丝	$\phi 3$
	板极	250(最大宽度)
焊接厚度(mm)	单程对接直焊缝	60～250
	对接焊缝	250～500
	T 形接头、角接焊缝	60～250
	环形焊缝	壁厚 450(最大直径为 3000)
	板极对接焊缝	800 以下
焊接速度(m/h)		0.5～9.6
焊丝的输送速度(m/h)		60～450
升降速度(m/h)		50～80
焊丝水平往复的运动速度(m/h)		21～75
焊丝水平往复的运动行程(mm)		250
相邻焊丝间的可调距离(mm)		150
停留在焊丝临界点上的持续时间(s)		6
焊丝盘每只焊丝容量(kg)		135
弧焊变压器	型号	BP1-3X1000
	电源电压(V)	3 相,380
	额定容量(kVA)	160
升降电动机的功率(kW)		0.7(直流)

续表

形 式		导轨式
焊接电流（A）	连续（负载持续率100%）	900
	断续（负载持续率60%）	1000
滑块	冷却方式	水冷
	冷却水耗量（L/min）	25～30
	滑块压力（N）	400～600
外形长（mm）×宽（mm）×高（mm）	组成直缝焊	1360×800×1100
	组成角缝焊	1100×800×1100
	组成环缝焊	1130×800×1100
	组成板缝焊	1505×800×1100
	控制箱	885×568×1400
	焊丝盘	700×400×730
	变压器	1400×846×1768
质量（kg）	焊机	650（直缝焊）
	控制箱	260
	变压器	1400

8.4 焊接示例

用手机扫以下二维码观看电渣焊（丝极）的操作过程。

电渣焊

复习思考题

8.1 电渣焊的原理是什么？

8.2 电渣焊有哪些特点？

8.3 常用的电渣焊有哪几种类型？通过比较焊接工艺参数，分析其适用范围。

8.4 丝极电渣焊设备的基本要求有哪些？

参考资料

[1] 邱言龙,聂正斌,雷振国. 焊工实用技术手册[M]. 北京:中国电力出版社,2008.

第9章　等离子弧焊接

等离子弧是具有高能量密度的压缩电弧,等离子弧焊接与切割已经成为合金钢及有色金属又一重要的加工工艺[1]。目前,这项技术已经得到了广泛应用。

9.1　概述

一、等离子弧的特点

1.温度高、能量集中

由于等离子弧的弧柱被压缩,气体达到高度的电离,从而产生很高的温度。弧柱的中心温度为 $18000 \sim 24000K$,等离子弧的能量集中,其能量密度可达 $10^5 \sim 10^6 \, W/cm^2$;而自由状态的钨极氩弧的弧柱中心为 $14000 \sim 18000K$,能量密度小于 $10^5 \, W/cm^2$。因此,等离子弧作为高温热源用于焊接,具有焊接速度快、生产效率高、热影响区小、焊接质量好等优点。等离子弧若用手切割,可切割任何金属,如导热性好的铜、铝等,以及熔点较高的钼、钨、各种合金钢、铸铁、低碳钢及不锈钢。

2.导电及导热性能好

在等离子弧的弧柱内,带电粒子经常处于加速的电场中,具有高导电及导热性能。所在较小的断面内能够通过较大的电流,传导较多的热量。与一般电弧相比,等离子弧具有焊缝形状狭窄、熔深较大的特点。

3.电弧挺直度好,稳定性强

与一般电弧相比,等离子弧的弧柱发散角度仅为 $5°$,而自由状态的钨极氩弧为 $45°$,因而等离子弧具有较好的稳定性,弧长变化敏感性小,并且等离子弧的挺直度好。

4.冲击力大

等离子弧在机械压缩、热收缩及磁收缩等三种收缩的作用下,断面缩小,电流密度大、温升高、内部具有很大的膨胀力,迫使带电粒子从喷嘴高速喷出,焰流速度可达 $300m/s$ 以上。因此,等离子弧可以产生很大的冲击力,用于焊接,可以增加熔深;用于切割,可以吹掉熔渣;用于喷涂,可以喷出粉末等。

5.焊接参数调节性好

等离子弧的温度、电流、弧长、弧柱直径、冲击力等参数,均可根据需要进行调节。例如,等离子弧用于焊接时可减少气流,调节成柔性弧,以减少冲击力;用于切割时,则可调成刚性弧,以产生较大的冲击力。

二、等离子弧的形成

借助水冷喷嘴的外部拘束条件使弧柱受到压缩的电弧就是等离子弧。它所受到的压缩作用有以下三种。

1. 机械收缩

机械收缩是指利用水冷喷嘴的孔道限制弧柱直径,以提高弧柱的能量密度及温度。

2. 热收缩

因为水冷喷嘴的温度比较低,所以喷嘴内壁建立起一层冷气膜,迫使弧柱的导电断面进一步缩小,电流密度进一步增大。

3. 磁收缩

由于弧柱电流本身产生的磁场对于弧柱有压缩作用,所以产生磁收缩,又称为磁收缩效应。试验表明:电流密度越大,磁收缩作用越强。

三、等离子弧的类型

1. 非转移型等离子弧

电源负极端接钨极,正极端接喷嘴,等离子弧产生在钨极与喷嘴之间,水冷喷嘴既是电弧的电极,又起冷壁拘束作用,而工件却不接电源。在离子气流的作用下,弧焰从喷嘴中喷出,形成等离子焰,这种等离子弧在焊接、切割和热喷涂时,在电极与喷嘴之间建立的等离子弧即非转移弧,也称等离子焰。

2. 转移型等离子弧

电源负极端接钨极,正极端接工件,等离子弧产生在钨极与焊件之间,进行这种等离子弧焊时,在电极与焊件之间建立的等离子弧即转移弧。水冷喷嘴不接电源,仅起冷却拘束作用。转移弧难以直接形成,必须先引燃非转移弧,然后才能过渡到转移弧。因为转移弧能把较多的热量传递给工件,所以焊接及切割几乎都采用转移弧。

3. 联合型等离子弧

当非转移弧及转移弧同时存在时,则称联合型等离子弧。这种形式的等离子弧主要应用于微束等离子弧焊接和粉末堆焊等。

四、等离子弧的应用

1. 等离子弧焊接

等离子弧可以焊接高熔点的合金钢、不锈钢、镍及镍合金、钛及钛合金、铝及铝合金等。充氩箱内的等离子弧焊还可以焊接钨、钼、铌、钽、锆及其合金。

2. 等离子弧切割

等离子弧可以切割不锈钢、铸铁、钛、钼、钨、铜及铜合金、铝及铝合金等难于切割的材料。采用非转移型等离子弧,还可以切割花岗石、碳化硅等非金属。

3. 等离子弧堆焊

等离子弧堆焊可分为粉末等离子弧堆焊和填丝等离子弧堆焊。

等离子弧堆焊是用等离子弧作主热源,用非转移弧作二次热源,其特点是堆焊的熔敷速度较高、堆焊层熔深浅、稀释率低,并且稀释率及表面形状易于控制。

4. 等离子喷涂

等离子喷涂是以等离子焰流(即非转移型等离子弧)为热源,将粉末喷涂材料加热并加速喷射到工件表面上形成喷涂层的工艺方法。

5. 其他方面的应用

等离子弧的特点使其在冶金、化工以及空间技术领域中都有许多重要的应用。等离子弧的温度高、能量集中、气流速度快、可使用各种工作介质,并且它的功率及各种特性均有很大的调节范围,这些特点使等离子弧的实际应用有着非常广阔的前景。

9.2 等离子弧焊接设备

等离子弧焊接设备可分为手工焊设备和自动焊设备两类。手工焊设备包括焊接电源、控制电路、焊枪、气路及水路等部分。机械化(自动焊)设备包括焊接电源、控制电路、焊枪、气路及水路焊接小车或转动夹具等部分。

按照焊接电流的大小,等离子弧焊设备可以分为大电流等离子弧焊接设备和微束等离子弧焊接设备两类。

一、焊接电源

等离子弧的焊接电源具有下降或垂降外特性。采用纯 Ar 或 $93\%Ar+7\%H_2$ 的混合气体作离子气时,电源空载电压为 $65\sim80V$。当采用纯 He 或 H_2 高于 7% 及 Ar 的混合气体时,为了可靠地引弧,则需要采用具有较高空载电压的焊接电源。

大电流等离子弧大都采用转移型。首先在钨极与喷嘴之间引燃非转移弧,然后再在钨极与工件之间引燃转移弧,转移弧产生之后,随即切除非转移弧。因此,转移弧和非转移弧可以合用一个电源。

电流低于 30A 的微束等离子弧焊接,都是采用联合型弧。因为在焊接过程中需要同时保持非转移弧与转移弧,所以需要采用两个独立的电源。

二、控制电路

控制电路的设计,就是使焊接设备按照焊件的焊接程序控制的要求完成一系列的规定动作。控制电路应当保证焊接程序的实施,如调节离子气的预通时间、保护气的预通时间、焊件的预热时间、电流的衰减时间、离子气流的衰减时间以及保护气滞后时间等。脉冲等离子弧焊接的控制电路,还应当能够调节基值电流、脉冲电流、占空比或脉冲频率等。对于微束等离子弧焊接设备的控制电路,还要能够分别调节非转移弧和转移弧的电流。总之,控制电路应当保证全部焊接过程自动按规定的程序进行,此外,还应保证在焊接过程发生故障时,可以紧急停车,如冷却水中断或堵塞时,焊接过程立即自动停止。

三、等离子弧引燃装置

对于大电流等离子弧焊接系统,可在焊接回路中叠加高频振荡器或小功率高压脉冲装置,依靠产生的高频火花或高压脉冲,在钨极与喷嘴之间引燃非转移弧。

微束等离子弧焊接系统引燃非转移弧的方法有两种。一种是利用焊枪上的电极移动机构(弹簧机构或螺钉调节)向前推进电极,当电极尖端与压缩喷嘴接触后,回抽电极即可引燃非转移弧。另一种方法是采用高频振荡器引燃非转移弧。

四、焊枪

焊枪是等离子弧焊接时产生等离子弧并且进行焊接的装置。等离子弧焊枪主要由上枪体、下枪体和喷嘴三部分组成。上枪体的作用是固定电极、冷却电极、导电、调节钨极的内缩长度等。下枪体的作用是固定喷嘴和保护罩、对下枪体及喷嘴进行冷却、输送离子气与保护气以及使喷嘴导电等。上、下枪体之间要求绝缘可靠,气密性好,并有较高的同轴度。

9.3 等离子弧焊的焊接技术

一、等离子弧焊的基本方法

1. 穿透型等离子弧焊

电弧在熔池前穿透形成小孔,随着热源的移动,在小孔后形成焊道的焊接方法称为穿透型等离子弧焊。由于等离子弧的能量密度大、等离子流力大的特点,等离子弧将焊件熔透并产生一个贯穿焊件的小孔(见图9.1)。被熔化的金属在电弧吹力、表面张力及金属重力的相互作用下保持平衡。焊枪前进时,小孔在电弧后方锁闭,形成完全熔透的焊缝。

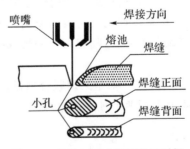

图 9.1 穿透(小孔)型等离子弧焊

小孔效应只有在足够的能量密度条件下才能形成。当板厚增大时,所需的能量密度也要增加,而等离子弧能量密度的提高受到一定的限制,所以穿透型等离子弧焊只能在一定板厚范围内实现。表9.1列出了钢结构常用材料一次焊透的厚度。

表 9.1　钢结构常用材料一次焊透的厚度

材料	镍及镍合金	低合金钢	低碳钢
焊接厚度范围(mm)	≤6	≤7	≤8

2.熔透型等离子弧焊

熔透型等离子弧焊即在焊接过程中采用熔透焊件的焊接方法,简称熔透法。这种焊接方法在焊接过程中只熔透焊件而不产生小孔效应。当离子气流量较小,弧柱压缩程度较弱时,等离子弧的穿透能力也较低。这种方法多用于板厚小于 3mm 的薄板单面焊双面成形以及厚板的多层焊。

3.微束等离子弧焊

利用小电流(通常在 30A 以下)进行焊接的等离子弧焊,通常称为微束等离子弧焊。它采用 $\phi 0.6 \sim \phi 1.2$mm 的小孔径压缩喷嘴及联合型弧。微束等离子弧又称为针状等离子弧,当焊接电流小于 1A 时,仍有较好的稳定性,其特点是能够焊接细丝及箔材。焊件变形量及热影响区的范围都比较小。

二、等离子弧焊的接头形式

等离子弧焊的通用接头形式有 I 形、单面 V 形及口形坡口,以及双面 V 形和 U 形坡口。除对接接头外,等离子弧焊也适用于焊接角焊缝及 T 形接头。

对于厚度大于 1.6mm、但小于表 9.1 所列出的厚度值的焊件,可采用 I 形坡口,使用小孔法单面一次焊成。对于厚度较大的厚件,可采用小角度坡口的对接形式。第一道焊缝采用穿透法焊接,填充焊道采用熔透法完成。

当焊件厚度在 0.05～1.6mm 时,通常采用熔透法焊接。

三、等离子弧焊的焊件装配与夹紧

小电流等离子弧焊的引弧处坡口边缘必须紧密接触,间隙不应超过金属厚度的 10%,难以达到此项要求时,必须添加填充金属。

对于厚度小于 0.8mm 的金属,焊接接头的装配、夹紧要求见表 9.2 和图 9.2。

表 9.2　厚度小于 0.8mm 的薄板对接接头的装配要求

焊缝形式	接头间隙 b（最大）	接头错边 E（最大）	压板间距 C		垫板宽 B	
			（最小）	（最大）	（最小）	（最大）
I 形坡口焊缝	0.2δ	0.4δ	10δ	20δ	4δ	16δ
卷边焊缝	0.6δ	δ	15δ	30δ	4δ	16δ

四、双弧现象

在采用转移弧焊接时,有时除了在钨极和焊件之间燃烧的等离子弧外,还会产生在钨极—喷嘴—焊件之间燃烧的串列电弧,这种现象称为双弧。双弧现象使主弧电流降低,正常

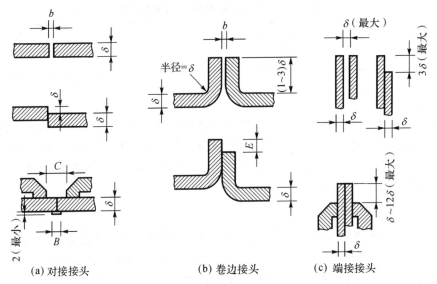

(a) 对接接头 (b) 卷边接头 (c) 端接接头

图 9.2　厚度小于 0.8mm 的薄板接头的装配要求

的焊接或切割过程被破坏,严重时将会导致喷嘴烧毁。

防止产生双弧的措施如下:

(1)正确选择电流及离子气的流量。

(2)减小转弧时的冲击电流。

(3)喷嘴孔道不要太长。

(4)电极和喷嘴应尽可能对中。

(5)喷嘴至焊件的距离不要太近。

(6)电极的内缩量不要太大。

(7)加强对喷嘴和电极的冷却。

五、等离子弧焊用气体选择

进行等离子弧焊时,必须向焊枪的压缩喷嘴输送等离子气,向焊枪的保护气罩输送保护气体,以保护焊接熔池及近缝区金属。

焊接中通常选用氩气作为离子气,它适用于所有的金属。为了增加输入给焊件的热量,提高焊接生产率及接头质量,可在氩气中分别加入 H_2、He 等气体。

建筑钢结构常用钢材焊接时,采用大电流等离子弧焊焊接用气体的选择见表 9.3,其离子气的成分和保护气体相同,如果不同,将影响等离子弧的稳定性。小电流等离子弧焊用气体的选择见表 9.4。这种工艺采用氩气作为离子气,使非转移弧容易引燃及稳定燃烧,保护气的成分可以和离子气相同,也可以不同。

表 9.3　建筑钢结构常用钢材大电流等离子弧焊用气体的选择

金属	厚度(mm)	焊接方法	
		穿透法	熔透法
碳素钢(铝镇静)	≤3.2	Ar	Ar
	>3.2	Ar	He75%+Ar25%
低合金钢	≤3.2	Ar	Ar
	>3.2	Ar	He75%+Ar25%
不锈钢	≤3.2	Ar,Ar92.5%+$H_2$7.5%	Ar
	>3.2	Ar,Ar95%+$H_2$5%	He75%+Ar25%

表 9.4　建筑钢结构常用钢材小电流等离子弧焊用气体的选择

金属	厚度(mm)	焊接方法	
		穿透法	熔透法
碳素钢(铝镇静)	≤1.6	不推荐	Ar,He75%+Ar25%
	>1.6	Ar,He75%+Ar25%	Ar,He75%+Ar25%
低合金钢	≤1.6	不推荐	Ar,He,Ar+H_2($H_2$1%～5%)
	>1.6	He75%+Ar25%	Ar,He,Ar+H_2($H_2$1%～5%)
不锈钢	所有厚度	Ar+H_2($H_2$1%～5%)	Ar,He,Ar+H_2($H_2$1%～5%)
		Ar,He,Ar+H_2($H_2$1%～5%)	

六、等离子弧焊的焊接工艺参数

碳素钢和低合金钢、不锈钢等常用金属材料采用穿透型等离子弧焊的焊接参数见表 9.5。熔透型等离子弧焊的焊接参数见表 9.6。

表 9.5　常用金属材料采用穿透型等离子弧焊的焊接参数

材料	厚度(mm)	接头形式及坡口形式	电流(直流正接)(A)	电弧电压(V)	焊接速度(cm/min)	气体成分	气体流量(L/min)		备注
							离子气	保护气体	
碳素钢和低合金钢	3.2		185	28	30	Ar	6.1	28	
	4.2		200	29	25		5.7	28	
	6.4		275	33	36		7.1	28	
不锈钢	2.4	I 形对接	115	30	61	Ar95%+$H_2$5%	2.8	17	小孔技术
	3.2		145	32	76		4.7	17	
	4.8		165	36	41		6.1	21	
	6.4		240	38	36		8.5	24	
	9.5 根部焊道	V 形坡口	230	36	23		5.7	21	
	填充焊缝		220	40	18	He	11.8	83	填充丝

表 9.6　不锈钢材料熔透型等离子弧焊的焊接参数

材料	厚度(mm)	焊接电流(A)	电弧电压(V)	焊接速度(cm/min)	离子气 Ar(L/min)	保护气体流量(L/min)	喷嘴孔径(mm)	备注
不锈钢	0.175	3.2	—	77.5	0.28	$9.5(Ar+H_2 4\%)$	0.75	卷边焊
	0.25	6.5	24	27	0.6	6Ar	0.8	对接焊（背后有铜垫）
	1.0	8.7	25	27.5	0.6	11Ar	1.2	
	1.2	13	—	15	0.42	$7(Ar+H_2 8\%)$	0.8	
	1.6	46	—	25.4	0.47	$12(Ar+H_2 5\%)$	1.3	手工对接
	2.4	90	—	20	0.7	$12(Ar+H_2 5\%)$	2.2	
	3.2	100	—	25.4	0.7	$12(Ar+H_2 5\%)$	2.2	

9.4　焊接示例

用手机扫以下二维码观看等离子弧焊的操作过程。

等离子弧焊

复习思考题

9.1 等离子弧焊的特点包括哪些？

9.2 等离子弧焊设备由哪些部分组成？

9.3 等离子弧焊接时，防止产生双弧的措施有哪些？

参考资料

[1] 邱言龙,聂正斌,雷振国. 焊工实用技术手册[M]. 北京:中国电力出版社,2008.

第 10 章　焊钉焊

焊钉焊是我国现行有关规范的用语,俗称栓钉焊,国际上称电弧螺柱焊或螺栓焊。随着钢结构大量地用于多、高层民用建筑,钢和混凝土组合梁结构、型钢混凝土结构、钢管混凝土结构被广泛采用,作为保证钢和混凝土共同工作、担当着抗剪连接件的焊钉(也称栓钉、螺柱等)也就有了广阔的市场,焊钉焊也就得到了迅速的推广和发展。

10.1　概述

一、焊钉材料及机械性能[1]

圆柱头焊钉,型式见图 10.1。

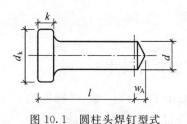

图 10.1　圆柱头焊钉型式

根据《电弧螺柱焊用圆柱头焊钉》(GB/T 10433—2002),焊钉材料及机械性能应符合表 10.1 的规定。采用其他材料及力学性能时,应由供需双方协议确定。

表 10.1　圆柱头焊钉材料及力学性能

材料	标准	机械性能
ML15、ML15Al	GB/T 6478—2015[2]	抗拉强度 $f_u \geqslant 400$ MPa 屈服强度 $f_y \geqslant 320$ MPa 伸长率 $\delta_5 \geqslant 14\%$

二、焊钉的技术要求

1. 表面缺陷

焊钉表面应无锈蚀、氧化皮、油脂和毛刺等。其杆部表面不允许有影响使用的裂纹,且头部的裂纹的深度(径向)不得超过 $0.25(d_k - d)$,这里 d_k 为圆柱头直径、d 为圆柱直径(单位都是 mm），如图 10.1 所示。

2. 表面处理

焊钉表面不经表面处理。

3. 焊钉材料机械性能试验方法[3]

焊钉材料的机械性能试验按《紧固件机械性能 螺栓、螺钉和螺柱》（GB/T 3098.1—2010)标准中规定进行。但试件直径 d_0 应符合表 10.2 的规定。

表 10.2　焊钉材料机械加工试件直径(mm)

焊钉直径 d	10	13	16	19	22	25
试件直径 d_0	8	10	12	15	17	20

当焊钉长度不能满足拉力试验的要求时，可采用相同材料和工艺制造的、同一直径规格并能满足试验要求的长度规格的焊钉进行试验，也可采用相同材料和冷拔工艺的同一直径规格的材料取样进行试验。

三、焊钉的标记[4]

1. 标记方法按《紧固件标记方法》（GB/T 1237—2000)规定。

2. 标记示例：

公称直径 $d = 19$mm，长度 $L_1 = 150$mm，材料为 ML15，不经表面处理的电弧螺柱焊用圆柱头焊钉标记：

焊钉 GB/T 10433　19×150

四、圆柱头焊钉用瓷环型式与尺寸

1. 陶瓷保护环的要求按 GB/T 10433—2002 标准附录 B 的内容规定，具体内容见图 10.2。瓷环的尺寸公差，应能保证与同规格焊钉的互换性。

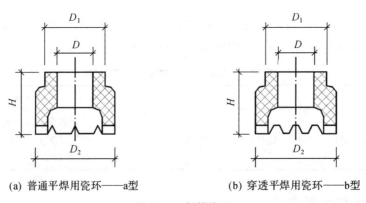

(a) 普通平焊用瓷环——a型　　　　(b) 穿透平焊用瓷环——b型

图 10.2　焊接瓷环

2. 标记示例：

公称直径 $d = 19$mm 电弧螺栓焊圆柱头焊钉，普通平焊用 a 型瓷环的标记：

瓷环 GB/T 10433　19a

10.2 焊钉焊焊接技术

一、工作原理

焊钉焊是在焊钉与母材之间通以电流,局部加热熔化焊钉端头和局部母材,而后施压挤出液态金属,使焊钉整个截面与母材形成牢固结合的焊接方法。

二、焊钉焊的分类

焊钉焊可以分为电弧焊钉焊和储能焊钉焊两种。

1. 电弧焊钉焊

电弧焊钉焊是将焊钉端头置于陶瓷保护罩内与母材接触,并通以直流电,以使焊钉与母材之间激发电弧,电弧产生的热量使焊钉和母材熔化,维持一定的电弧燃烧时间后,将焊钉向下压入母材局部熔化区内,冷却后焊钉就和母材牢固地结合在一起了。

电弧焊钉焊的引弧方式有两种。一种为直接接触式引弧,就是使焊钉直接和母材接触,通电激发电弧的同时,向上提升焊钉,使电流由小增大,完成加热过程后,再将焊钉自上而下压入母材熔化区内。另一种为引弧结(帽)方式引弧,该方式要求焊钉在制作时,在焊钉端头中央镶嵌一个直径约 2mm 的半圆头铝制帽。引弧时,铝制帽首先和母材接触,通电产生电弧以后,不需要提升或略微提升焊钉,使电流由小到大,将焊钉端部和母材局部熔化,然后压入母材,完成焊接。这两种方式,后者用得较多,因为铝较活泼,容易激发电子,使引弧容易。

陶瓷保护罩所起的作用主要是使电弧热量集中,能隔离外部空气,保护电弧和熔化金属免受空气中的氮、氧侵入。并防止熔融金属的飞溅,同时对焊缝也有保温缓冷的作用。

2. 储能焊钉焊

储能焊钉焊是利用交流电使大容量的电容器充电后,向焊钉与母材之间瞬时放电,达到熔化焊钉端头和母材的目的。由于电容放电能量的限制,一般用于小直径(≤12mm)焊钉的焊接。

三、焊接过程

焊接过程可以用图 10.3 表示。

图 10.3(a):把焊钉放在焊枪的夹持装置中,把配套瓷环(即陶瓷保护罩)放于母材上要焊接焊钉的位置,然后把焊钉插入瓷环内,并与母材接触。

图 10.3(b):按动焊枪电源开关,焊钉自动提升,激发产生引导电弧。

图 10.3(c):焊接电流增大,使焊钉端部和母材局部加热熔化。

图 10.3(d):设定的电弧燃烧时间到达后,焊枪会自动地将焊钉压入母材熔化区内。

图 10.3(e):焊枪自动切断电流,熔化金属冷却凝固,焊枪保持不动。

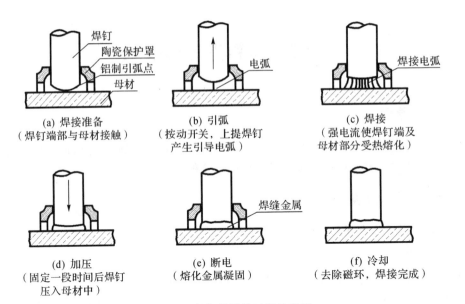

(a) 焊接准备
(焊钉端部与母材接触)

(b) 引弧
(按动开关,上提焊钉
产生引导电弧)

(c) 焊接
(强电流使焊钉端及
母材部分受热熔化)

(d) 加压
(固定一段时间后焊钉
压入母材中)

(e) 断电
(熔化金属凝固)

(f) 冷却
(去除磁环,焊接完成)

图 10.3　焊钉焊焊接过程示意图

图 10.3(f):冷却后,从焊钉上拔出焊枪,敲碎并清除保护环,焊钉端部表面形成均匀的环状焊缝。

四、焊接工艺参数

焊钉焊工艺参数主要为电流大小及通电时间、焊钉伸出长度及提升高度。根据焊钉的直径不同以及钢材表面状况、镀层材料等选定相应的工艺参数,一般焊钉的直径增大或母材上有镀锌层时,所需的电流、时间等各项工艺参数相应增大。被焊钢构件上铺有镀锌钢板时(如钢-混凝土组合楼板中,钢梁上的压型板)要求焊钉穿透镀锌板与母材牢固焊接,由于压型板厚度和镀锌层导电分流的影响,电流值必须相应提高。为确保接头强度,电弧高温下形成的氧化锌必须从焊接熔池中充分挤出,其他各项焊接参数也需相应提高。提高的数值还与镀锌层厚度成正比。常用焊钉焊接工艺参数见表 10.3。

表 10.3　常用焊钉焊接工艺参数

焊钉规格 (mm)	电流(A)		时间(s)		伸出长度(mm)		提升长度(mm)	
	穿透焊	非穿透焊	穿透焊	非穿透焊	穿透焊	非穿透焊	穿透焊	非穿透焊
φ13		950		0.7		4		2.0
φ16	1500	1250	1.0	0.8	7~8	5	3.0	2.5
φ19	1800	1550	1.2	1.0	7~9	5	3.0	2.5
φ22		1800		1.2		6		3.0

五、焊接注意事项

1. 由于焊钉焊机的用电量很大,为保证焊接质量和其他用电设备的安全,必须单独设置电源线路。

2. 焊接时,每个焊钉都需配一个陶瓷瓷环来保护电弧的热量以及稳定电弧。因此,电弧保护瓷环必须保持干燥。如果表面有露水和雨水痕迹,则应按规定烘干后使用。

3. 操作时一定要待焊缝凝固后,才能移去焊钉枪,而后再打碎保护瓷环,清理干净。

4. 在大多数情况下,焊机的极性接法为正极性,即工件接正极。

10.3　焊钉焊的质量和应用

一、焊钉焊的质量要求

1. 焊接接头的抗拉性能[5]

焊钉焊焊接接头的抗拉性能必须符合表 10.4 的规定(根据《钢-混凝土组合楼盖结构设计与施工规程》YB9238-92)。

表 10.4　焊钉焊接部位的拉力载荷

焊钉直径 d(mm)		6	8	10	13	16	19	22
拉力载荷 (N)	max	15550	27600	43200	73000	111000	156000	209000
	min	11310	20100	31400	53100	80400	113000	152000

注:表中的拉力载荷为圆柱头焊钉杆部公称应力截面面积和抗拉强度的乘积。

2. 工程中焊钉接头的质量要求

(1)焊钉接头外观与外形尺寸合格要求见表 10.5。

(2)对接头外形不符合要求的情况,可以用手工电弧焊补焊。

(3)主要通过打弯试验来检验,即用铁锤敲击焊钉圆柱头部位,使其弯曲 30°后,观察其焊接部位有无裂纹,若无裂纹为合格。

表 10.5　焊钉接头外观与外形尺寸合格要求

项次	外观检验项目	合格要求	检验方法
1	焊缝形状	360°范围内焊缝高>1mm,焊缝宽>0.5mm	目检
2	焊缝缺陷	无气孔、无夹渣	目检
3	焊缝咬边	咬边深度<0.5mm	目检
4	焊钉焊后高度	焊后高度偏差<±2mm	用钢尺量测

二、焊钉焊机焊接的优点

1. 用焊钉焊机纯焊接时间仅 1s 左右,焊钉装卡辅助作业时间为 2~3s,生产效率比手工电弧焊高几倍。

2. 焊钉整个横截面都熔化焊接,连接强度高。

3.作业方法简单、自动化,与手工电弧焊相比,操作工人培训较简易,技能要求不高。

4.减小了弧光、烟雾对工人的危害。

三、焊钉焊的应用

1.广泛应用于石化、冶金、机电、桥梁等工业领域,如作为剪力件,在炉、窑耐火衬层与金属壳体的结合中的应用。

2.在混凝土与金属构件的结合中作为剪力件以及各种销、柱、针、螺母等零件与基体的连接。

3.在建筑钢结构制造与安装中,焊钉焊技术主要用于钢柱、梁与外浇混凝土以及钢混凝土组合楼板中的剪力件的焊接。

焊钉的可焊直径可达到25mm。

四、焊钉焊质量保证措施

1.焊钉不应有锈蚀、氧化皮、油脂、潮湿或其他有害物质。

2.母材焊接处,不应有过量的氧化皮、锈、水分、油漆、灰渣、油污或其他有害物质。如不满足要求应用抹布、钢丝刷、砂轮机等方法清扫或清除。

3.保护瓷环应保持干燥,受过潮的瓷环应在使用前置于烘箱中经120℃烘干1～2h。

4.施工前应根据工程实际使用的焊钉及其他条件,通过工艺评定试验,确定施工工艺参数。

5.在每班作业施工前,需要按照规定工艺参数先试焊2个焊钉,通过外观检验及30°打弯试验,确定设备完好情况及其他施工条件,包括工艺参数是否符合要求,符合要求才能进一步施焊。

6.焊钉焊焊工应进行技能考核,并持有相应的合格证。

7.当遇到压型板有翘起,因而与母材间隙过大时,可对压型板邻近施焊处局部加压,使之与母材贴合,一般间隙不应超过1mm。

10.4　焊接示例

用手机扫以下二维码观看焊钉焊的操作过程。

焊钉焊

复习思考题

10.1 焊钉的技术要求有哪些?

10.2 焊钉焊的焊接过程包括哪些步骤?

10.3 焊钉焊的焊接工艺参数主要有哪些？

10.4 简述焊钉焊的质量保证措施。

参考资料

[1] 中华人民共和国国家标准. 电弧螺柱焊用圆柱头焊钉 GB/T 10433—2002[S].

[2] 中华人民共和国国家标准. 冷镦和冷挤压用钢 GB/T 6478—2015[S].

[3] 中华人民共和国国家标准. 紧固件机械性能 螺栓、螺钉和螺柱 GB/T 3098.1—2010[S].

[4] 中华人民共和国国家标准. 紧固件标记方法 GB/T 1237—2000[S].

[5] 中华人民共和国行业标准. 钢-混凝土组合楼盖结构设计与施工规程 YB 9238—92[S].

第11章 焊接残余应力与残余变形

钢结构在焊接后将产生残余应力和残余变形。本章主要介绍焊接残余应力和残余变形的产生原因、残余应力的分布规律、其对结构产生的影响及为减少残余应力和残余变形的工艺措施与设计时的注意点。

11.1 产生原因

焊接过程是一个对焊件局部加热继而逐渐冷却的过程,不均匀的温度场使焊件各部分产生不均匀的变形、内部组织发生不同变化,焊缝冷却时收缩受到约束,焊件自身刚性大小及受到的约束条件等,都会产生焊接残余应力与残余变形。

1.焊接受热不均匀

焊接热源作用在焊件上会产生不均匀的温度场,使母材不均匀膨胀,处于高温区的母材在加热过程中膨胀量大,但受到周围温度较低、膨胀量较小的母材的限制,而不能自由进行。于是,焊件中产生内应力,当内应力达到母材的屈服强度时,高温区的母材受到挤压,产生局部的压缩塑性变形。在冷却过程中,已经受到压缩塑性变形的母材由于不能自由收缩而受到拉伸,于是,焊件中又出现了一个与焊件加热时方向大致相反的内应力场,使焊件产生了残余应力和残余变形。它们的大小和分布取决于焊件的形状、尺寸、焊接热输入量和母材本身的物理性能,如线膨胀系数、导热系数及密度等。

2.金属组织变化

钢在焊接加热和冷却过程中,会发生相变,产生不同的金属组织,这些组织的体积各不一样,因此造成焊接残余应力和残余变形。

3.焊缝金属收缩

焊缝金属冷却过程中体积要收缩。由于焊缝金属与母材是紧密相连的,因此焊缝金属不能自由收缩,这将引起焊缝产生内应力并使整个焊件变形。另外焊缝是在焊接过程中逐步形成的,先结晶部分要阻止后结晶部分的收缩,由此也会产生焊接残余应力和残余变形。

4.焊件的刚性及所受约束

焊件自身的刚性和所受约束情况对焊接残余应力和残余变形也有较大的影响。刚性及约束越大,则焊接残余变形越小、焊接残余应力越大。相反,刚性及约束越小,则焊接残余变形越大,而焊接残余应力就越小。

11.2　焊接残余应力

焊接残余应力可区分为纵向、横向、厚度方向的残余应力，以及约束状态下施焊时的焊接残余应力。现以两块钢板用对接焊缝连接作为例子说明如下。

1. 沿焊缝轴线方向的纵向焊接残余应力

施焊时，焊缝附近温度最高，可达 1600℃ 以上。在焊缝区以外，温度则急剧下降。焊缝区受热而纵向膨胀，但这种膨胀因变形的平截面规律（变形前的平截面，变形后仍保持平面）而受到其相邻较低温度区的约束，使焊缝区产生纵向压应力（称为热应力）。由于钢材在 600℃ 以上时呈塑性状态（称为热塑状态），因而高温区的这种压应力使焊缝区的钢材产生塑性压缩变形，这种塑性变形当温度下降、压应力消失时是不能恢复的。在焊后的冷却过程中，如假设焊缝区金属能自由变形，冷却后钢材因已有塑性变形而不能恢复其原来的长度。事实上由于焊缝区与其邻近的钢材是连续的，焊缝区因冷却而产生的收缩变形又因平截面变形的平截面规律受到邻近低温区钢材的约束，使焊缝区产生拉应力，如图 11.1 所示。这个拉应力当焊件完全冷却后仍残留在焊缝区钢材内，故名焊接残余应力。Q235 钢和 Q355 钢等低合金钢焊接后的残余拉应力常可高达其屈服点。还需注意，因残余应力是构件未受荷载作用而早已残留在构件截面内的应力，因而截面上的残余应力必须自相平衡。焊缝区截面中有残余拉应力，则在焊缝区以外的钢材截面内必然有残余压应力，而且其数值和分布满足 $\sum X = 0$ 和 $\sum Y = 0$ 等静力平衡条件。图 11.1 为两钢板以对接焊缝连接时的纵向残余应力分布示意图。图中受拉的应力图形面积 A_t 应与受压的应力图形面积 A_c 相等，同时图形必对称于焊缝轴线。

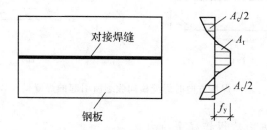

图 11.1　钢板以对接焊缝连接时的纵向焊接残余应力

2. 垂直于焊缝轴线的横向焊接残余应力

两钢板以对接焊缝连接时，除产生上述纵向焊接残余应力外，还会产生横向残余应力。横向残余应力的产生由两部分组成：其一是由焊缝区的纵向收缩所引起。如把图 11.1 中的钢板假想沿焊缝切开，由于焊缝的纵向收缩，两块钢板将产生如图 11.2(a) 中虚线所示的弯曲变形，因而可见在焊缝长度的中间部分必然产生横向拉应力，而在焊缝的两端则产生横向压应力，使焊缝不相分开，其应力分布如图 11.2(b) 所示。其二是由焊缝的横向收缩所引起。施焊时，焊缝的形成有先有后，先焊的部分先冷却，先冷却的焊缝区限制了后冷却焊缝区的横向收缩，便产生横向焊接残余应力如图 11.2(c) 所示。最后的横向焊接残余应力当为两者即图 11.2(b)和图 11.2(c)的叠加,如图 11.2(d)所示。

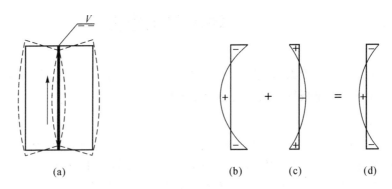

图 11.2 焊缝中的横向焊接残余应力

焊缝中由焊缝横向收缩产生的横向残余应力将随施焊的程序而异。图 11.2(c)中所示是由焊缝的一端焊接到另一端时的应力分布。焊缝结束处因后焊而受到焊缝中间先焊部分的约束,故出现残余拉应力,中间部分为残余压应力。开始焊接端最先焊接,该处出现残余拉应力是由于需满足弯矩的平衡条件所致。

图 11.3 表示把对接焊缝分成两段施焊时的横向收缩引起的焊缝横向残余应力分布。其一由中间起焊,至板两端结束。另一则是分别由板的两端起焊,至板中间结束。因施焊程序不同,焊缝横向收缩所引起焊缝中的横向残余应力分布就完全不同。

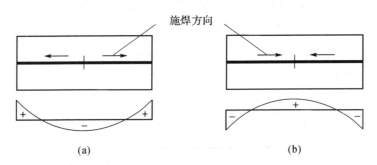

图 11.3 不同焊接方向时焊缝横向收缩所引起的焊缝横向残余应力

3.厚板中沿板厚方向的焊接残余应力

厚板中由于常需多层施焊(即焊缝不是一次形成),在厚度方向将产生焊接残余应力,同时,板面与板中间温度分布不均匀,也会引起残余应力,其分布规律与焊接工艺密切相关。此外,在厚板中的前述纵向和横向焊接残余应力沿板的厚度方向大小也是变化的。一般情况下,当板厚在 20～25mm 以下时,基本上可把焊接残余应力看成是平面的,即不考虑厚度方向的残余应力和不考虑沿厚度方向平面应力的大小变化。厚度方向残余应力若与平面残余应力同号,则三向同号应力易使钢材变脆。

4.约束状态下施焊时的焊接残余应力

前述各种焊接残余应力都是在焊件能自由变形下施焊时产生的。当焊件在变形受到约束状态时施焊,其焊接残余应力分布就截然不同。以下以图 11.4 所示为例说明其概念。

图 11.4(a)表示平行于焊缝轴线方向的纵向边缘变形受到约束时的两块钢板,施焊时焊缝区高温产生的横向膨胀受到约束而使焊缝受到横向压应力,因而产生不可恢复的塑性压缩变形,在焊缝冷却时遂在焊缝内产生横向拉应力,如图 11.4(b)所示。这个拉应力与钢板边缘的反作用力相平衡,因而可叫作反作用焊接应力。图 11.4(c)表示当边缘能自由变形时的焊缝横向焊接应力,亦即图 11.2 中的(d)图。(b)图与(c)图相叠加即为图 11.4(d)所示边缘变形受到约束下施焊时焊缝中的横向焊接残余应力。当垂直于焊缝方向的边缘变形受到约束时,同样也会因反作用焊接应力的存在而加大纵向焊接残余应力。因此,应尽量避免施焊时使焊件的变形受到约束,以减小残余应力值。

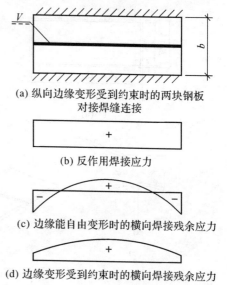

(a) 纵向边缘变形受到约束时的两块钢板
对接焊缝连接

(b) 反作用焊接应力

(c) 边缘能自由变形时的横向焊接残余应力

(d) 边缘变形受到约束时的横向焊接残余应力

图 11.4　约束状态下施焊时的横向焊接
残余应力分布

构件截面上存在焊接残余应力,是焊接结构构件的缺陷之一。虽然理论上残余应力的存在对构件承受静力荷载的强度没有影响,但它将使构件提前进入弹塑性工作阶段而降低构件的刚度,当构件受压时,还会降低构件的稳定性,因而一个优良的焊接设计应注意使焊接残余应力的数值为最小。

11.3　焊接残余变形

焊接后残余在结构中的变形叫焊接残余变形。图 11.5 给出了常见的下列焊接残余变形:

(1)焊缝纵向收缩变形和横向收缩变形(见图 11.5(a));
(2)焊缝纵向收缩所引起的弯曲变形(见图 11.5(b));
(3)焊缝横向收缩所引起的角变形(见图 11.5(c));
(4)波浪式的变形(见图 11.5(d));
(5)扭曲变形(见图 11.5(e))。

焊接残余变形中的横向收缩和纵向收缩在下料时应予以注意。其他焊接变形当超过施工验收规范所规定的容许值时,应进行矫正。严重时若无法矫正,即造成废品。否则不但影响外观,同时还会因改变受力状态而影响构件的承载能力。因此,如何减小钢结构的焊接残余变形也是设计和施工制造时必须共同考虑的问题,也就是必须从设计和工艺两方面来解决。

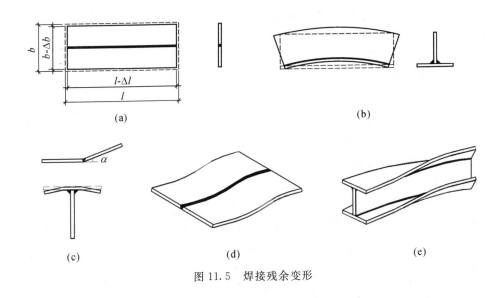

图 11.5　焊接残余变形

11.4　减少焊接残余应力与残余变形的措施

焊接残余应力和残余变形是并存且相互制约的。如在焊接过程中,常采用焊接夹具等刚性固定法施焊,这样变形减小了,而应力却增加了;反之为使焊接残余应力减小,就要允许焊件有一定程度的变形。但在生产中,往往要求焊接结构既不存在大的焊接残余变形,又不允许存在较大的焊接残余应力。在实际焊接过程中,为使焊接残余应力和残余变形控制在最小程度,以确保焊接结构的质量,可从焊缝设计和焊接工艺两个方面着手。

一、焊缝连接设计

1.选用合适的焊缝尺寸

焊缝尺寸大小直接影响到焊接工作量的多少,同时还影响到焊接残余变形的大小。此外,焊缝尺寸过大还易烧穿焊件。在角焊缝的连接设计中,在满足最小焊脚尺寸的条件下,一般宁愿用较小的焊脚尺寸而加大一点焊缝的长度,不要用较大的焊脚尺寸而减小焊缝长度。同时还需注意,不要因考虑"安全"而任意加大超过计算所需要的焊缝尺寸。

2.合理选用焊缝形式

例如在图 11.6 所示受力较大的十字接头或 T 形接头中,在保证相同的强度条件下,采用开坡口的对接与角接组合焊缝比采用角焊缝一般可减少焊缝的尺寸,从而减小焊接残余应力和节省焊条。

3.合理布置焊缝位置

焊缝不宜过分集中并应尽量对称布置以消除焊接残余变形和尽量避免三向焊缝相交。当三向焊缝相交时,可中断次要焊缝而使主要焊缝保持连续。如图 11.7 所示工字形焊接组合梁的横向加劲肋端部应进行切角,就是为此。

考虑施焊时焊条是否易于达到,见图 11.8,一般宜保持 $\alpha \geqslant 30°$。

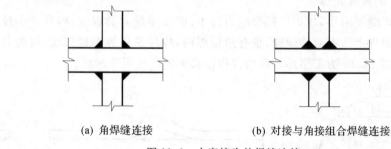

(a) 角焊缝连接　　　　　(b) 对接与角接组合焊缝连接

图 11.6　十字接头的焊缝连接

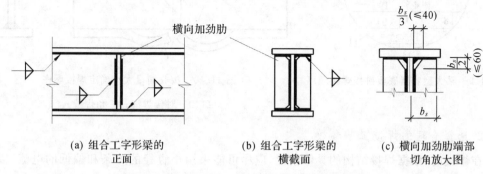

(a) 组合工字形梁的　　　(b) 组合工字形梁的　　　(c) 横向加劲肋端部
　　　正面　　　　　　　　　横截面　　　　　　　　切角放大图

图 11.7　组合工字形梁在横向加劲肋处的焊缝布置

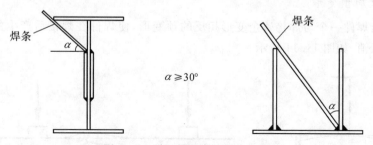

$\alpha \geqslant 30°$

图 11.8　手工焊要求的操作净空

(焊条直径 $d = 1.6 \sim 5\text{mm}$,长度 $250 \sim 400\text{mm}$)

此外,结构设计人员应尽可能了解钢结构公司的制造设备及能力,譬如焊接时是否使用装焊夹具、可否采用冲压结构等,确保设计目的与制造结果一致并尽可能减少焊接残余应力和残余变形。

二、焊接工艺选择

1.选择合理的焊接顺序

为防止和减少焊接残余应力,在安排焊接顺序时,应遵循以下两条原则。

(1)尽可能考虑焊缝能自由收缩

对大型的焊接构件来说,焊接应从中间向四周进行,使焊缝由中间向外依次收缩;对平面交叉焊缝,应先焊横向焊缝,并避免在焊缝交叉点处起弧落弧,从而减小焊接残余应力。

图 11.9 为某大型容器底板拼接的合理焊接顺序示意。

(2)收缩量大的焊缝先焊

一般先焊的焊缝受阻小,故焊后残余应力较小;而收缩量大的焊缝,容易产生较大的焊接残余应力。如焊件上既有对接焊缝,也有角接焊缝,应尽量先焊对接焊缝,因为对接焊缝的收缩量较大。图 11.10 为工字形截面构件拼接接头的焊接顺序示意。

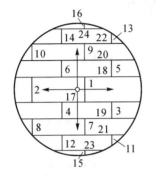 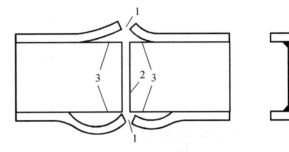

图 11.9 某大型容器底板拼接焊接顺序   图 11.10   按收缩量大小确定焊接顺序

(1、2—对接焊缝;3—角焊缝)

2.选择合理的焊接工艺参数

在焊接时,根据焊接结构的具体情况,应尽可能采用小直径的焊条和偏低的电流,以减小焊件受热范围,从而减小焊接残余应力。

3.施加反向预变形

施焊前给焊件一个与焊接残余变形相反的预变形,使焊件在焊接后产生的焊接残余变形与之正好抵消,如图 11.11 所示。

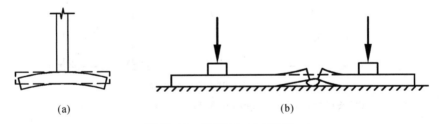

(a)   (b)

图 11.11   焊前施加反向变形

4.采用焊前预热和加热"减应区"

预热是指焊前对焊件的全部(或局部)进行加热的工艺措施(一般加热到 $150\sim350\,^{\circ}\!C$)。其目的是减小焊接区和构件整体的温度差,使焊缝区和构件整体接近均匀冷却,从而减小焊接残余应力。

加热"减应区",是选择构件的适当部位进行加热使之伸长。加热这些部位以后再去焊接或焊补原来刚性很大的焊缝,可大大减小焊接残余应力。这个加热部位就叫"减应区"。这个方法是减少焊接区与构件上阻碍焊接区自由收缩的部位(减应区)之间的温度差,使它们尽量均匀冷却和收缩,以减小焊接残余应力。加热可用远红外加热或气体火焰加热。

实际工程应用中,减少焊接残余应力和残余变形的焊接工艺还有很多,例如:锤击法、焊后热处理法、振动消除应力法、机械拉伸法、温差拉伸法(低温消除应力法)等,可参阅相关专业资料。

复习思考题

11.1 焊接残余应力是如何产生的? 分哪几类? 影响残余应力大小及分布的因素有哪些?

11.2 焊接残余应力及残余变形对焊接结构性能有何危害?

11.3 防止和减少焊接残余应力的方法有哪些?

11.4 防止和减少焊接残余变形的措施又有哪些?

参考资料

[1] 姚谏,夏志斌. 钢结构原理[M]. 北京:中国建筑工业出版社,2020.

[2] 陈绍蕃,顾强. 钢结构(上册):钢结构基础[M]. 3 版. 北京:中国建筑工业出版社,2014.

第12章 焊接缺陷及焊接质量检验

焊接缺陷的存在,将直接影响焊接结构的安全使用。因此,必须了解焊接缺陷的性质、产生的原因和防止方法;而且还必须了解焊缝质量的检验方法,通过对焊接接头进行必要的检验,做出客观的评定,以便及时地消除各种缺陷,从而保证焊接产品的质量。

12.1 焊接接头常见缺陷的分析

一、焊接接头缺陷分类及其性质

根据《金属熔化焊接头缺欠分类及说明》(GB/T 6417.1—2005),可将金属熔化焊焊缝缺陷按其性质分为六大类,并按其存在的位置及状态分为若干小类,具体见表12.1。

表12.1 熔焊焊接接头中常见缺陷的名称

分类	名称	分类	名称	分类	名称	分类	名称
裂纹	横向裂纹	孔穴	链状气孔	形状缺陷	咬边	形状缺陷	焊缝超高
	纵向裂纹		条形气孔		焊瘤		焊缝宽度不齐
	弧坑裂纹		虫形气孔		下塌		焊缝表面粗糙、不平滑
	放射状裂纹		表面气孔		下垂	其他缺陷	电弧擦伤
	枝状裂纹	固体夹杂	夹渣		烧穿		飞溅、钨飞溅
	间断裂纹		焊剂或熔剂夹渣		未焊满		定位焊缺陷
	微观裂纹		氧化物夹渣		角焊缝凸度过大		表面撕裂
孔穴	球形气孔		金属夹渣		角变形		层间错位
	均布气孔	未熔合和未焊透	未熔合		错边		打磨过量
	局部密集气孔		未焊透		焊脚不对称		凿痕、磨痕

除了以上六类,还有金相组织不符合要求(如晶粒粗大、化学成分不合格等)及焊接接头的理化性能不符合要求性能等缺陷(包括化学成分、力学性能及不锈钢焊接接头的耐腐蚀性能等)。这类缺陷大多是由于违反焊接工艺或因焊接材料不符合要求所引起的。

二、焊接缺陷的危害性

焊接缺陷的危害主要表现在以下几个方面:

1. 焊接缺陷直接影响结构的强度

焊缝的咬边、未焊透、未熔合、气孔、夹渣、裂纹等不仅削弱焊缝截面面积,降低接头强度,更严重的是形成缺欠,缺欠处容易产生应力集中,且形成三向应力。三向应力又影响材料的塑性变形,塑性变形受影响后易于引发微裂纹,微裂纹扩大后容易导致脆性破坏。

2. 焊接缺陷引起的应力集中

应力集中与缺陷的形状及其相对于载荷的方位有关。尖锐裂纹引起严重应力集中,其次以未焊透、条状夹渣等的应力集中较大,而气孔的应力集中较小。随着缺陷尺寸和数量的增加,应力集中对强度的影响也增大。当载荷应力垂直于缺陷平面时,所产生的应力集中最大。

3. 严重影响结构的疲劳极限

缺陷对于动载强度的影响要比对静载强度的影响大得多,位于材料表面和靠近表面的缺陷比在内部深处的缺陷危害更大。如气孔缺陷在截面面积减少量为 10% 时,可使疲劳极限下降 50%。而裂纹与气孔相比,当其所占截面面积相同时,裂纹比气孔对疲劳强度的影响要大 15%。当夹渣形成尖锐边缘时,影响也十分明显,咬边的影响要比气孔、夹渣大得多。

4. 缩短使用寿命

焊接缺陷的存在,减小了结构的安全系数,降低或改变结构应有的强度性能,有的还会造成应力循环,致使过早破坏。焊缝表面的凹凸不平,余高过大,咬边、错边等缺陷,常造成应力集中,或使受力方向改变,在大风、大雪天气时,容易造成钢结构构件的破坏,引起重大倒塌事故。

12.2　焊缝缺陷的形成及防止

一、焊接裂纹

焊接裂纹是指金属在焊接应力及其他致脆因素共同作用下,焊接接头中局部金属原子结合力遭到破坏而形成新界面所产生的缝隙。具有尖锐的缺口和长宽比大的特征,是钢结构中最危险的缺陷。

焊接裂纹除了降低接头强度外,还因裂纹末端存在尖锐的缺口,而引起严重的应力集中,成为结构断裂的起源。在任何焊接结构中,都不允许存在裂纹。

在焊接生产中出现的裂纹形式是多种多样的,有的裂纹出现在焊缝表面,肉眼就能观察到;有的隐藏在焊缝内部,不借助专业的仪器检查就难以发现。有的产生在焊缝中,有的则产生在热影响区中。不论是在焊缝还是位于热影响区上的裂纹,平行于焊缝方向的称为纵向裂纹,垂直于焊缝方向的称为横向裂纹,而产生在收尾处弧坑的裂纹称弧坑裂纹。各种裂纹的特征和分布见表 12.2,各种焊接裂纹的外观形貌如图 12.1 所示。根据裂纹产生的温度、原因等的不同,可把焊接裂纹归纳为热裂纹、冷裂纹、再热裂纹和层状撕裂,这里主要讨论热裂纹和冷裂纹。

表 12.2 按外观形貌划分的裂纹特征和分布

名称	特征	分布
横向裂纹	裂纹长度方向与焊缝轴线相垂直	位于焊缝、热影响区或母材中
纵向裂纹	裂纹长度方向与焊缝轴线相平行	
弧坑裂纹	形貌有横向、纵向或星形	位于焊缝收弧弧坑处
放射状裂纹	从某一点向四周放射的裂纹	位于焊缝、热影响区或母材中
枝状裂纹	形貌呈树枝状	
间断裂纹	裂纹呈断续状态	
微观裂纹	在显微镜下才能观察到	

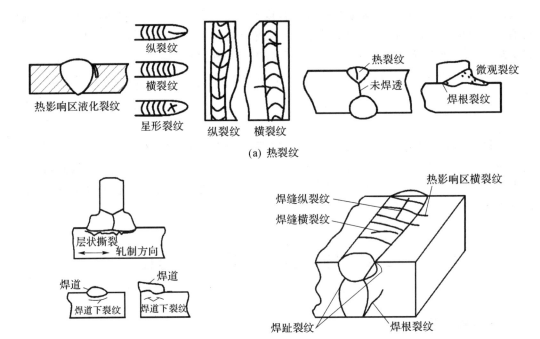

图 12.1 各种常见裂纹示意图

1. 热裂纹

焊接过程中,焊缝和热影响区金属冷却到液体转换为固体温度区间时产生的焊接裂纹即热裂纹。根据热裂纹产生的机理、温度区间和形态,热裂纹可以分成结晶裂纹、高温液化裂纹和高温低塑性裂纹,一般低碳钢、低合金钢、奥氏体不锈钢都可能产生热裂纹。

(1)热裂纹特点

热裂纹产生于高温下的焊接过程中,且绝大多数产生在焊缝金属中,既有纵向的,也有横向的,发生在弧坑中的热裂纹往往是星状的,但有时也会发展到母材中去。这种裂纹的特征是沿着焊缝组织颗粒边界开裂,裂纹多贯穿于焊缝表面,呈明显的锯齿形状,断口被氧化,呈氧化色彩。热裂纹或者处在焊缝中心或者处在焊缝两侧,其方向与焊缝的波纹线垂直。

(2)热裂纹产生的原因

液态焊缝金属从开始凝固和结晶(形成特定的组织)时起,就会因收缩而产生拉应力,它是产生裂纹的外因,而其内因是液态焊缝金属含有不同熔点的金属,熔点高的金属开始聚集时,熔点低的尚未开始凝固,导致焊缝金属呈区块性凝固。低熔点液态金属围绕高熔点固态金属组织周围,在高熔点固态金属组织拉应力的作用下,会使固态金属组织彼此空隙增大,而整个焊缝区又得不到足够的液体低熔点金属的补充,就会产生裂纹。

(3)防止热裂纹产生的措施

首先要控制有害的杂质元素的含量(最有害的元素是硫、磷、碳),这样可以减小焊缝形成低熔点液体夹层的倾向。所以为了控制焊缝的化学成分,要尽可能限制母材硫、磷的含量,降低碳的含量,碳一旦增加,会促进生成低熔点液态金属。因此一般要求焊接低碳钢和低合金钢的焊丝含碳量不超过 0.12%。采用碱性焊条和焊剂,因其熔渣能起较强的脱硫作用,具有抗热裂的能力。通过向焊缝金属加变质剂或合金元素,影响高熔点固态金属组织的大小,来减少热裂倾向。工艺方面,通过控制焊接规范,适当提高焊缝形状系数,选择合理的焊接顺序和焊接方向,尽可能减小焊接应力和焊件的刚度,以防止热裂纹的产生。

2. 冷裂纹

焊接接头冷却到较低的温度下(对于钢来说在 M_s 温度即马氏体转变温度以下)产生的焊接裂纹称为冷裂纹。

(1)冷裂纹特点

冷裂纹通常在冷却过程中或冷却以后产生,形成裂纹的温度约在 300℃以下,即马氏体转变范围。

冷裂纹可以在焊接后立即出现,但也可经过一段时间(几小时、几天,甚至更长)才出现,这种冷裂纹又叫延迟裂纹。大的冷裂纹是由小到大、由短到长、由浅到深发展起来的。到时会引起结构整体断裂,同时发生巨大响声。冷裂纹大多产生在母材或母材与焊缝交界的熔合线上,但也可能产生在焊缝上。其部位有焊道下裂纹、焊趾裂纹、根部裂纹等。

(2)冷裂纹产生的原因

焊接时,钢的淬硬倾向越大,越易产生冷裂纹。因淬硬倾向大意味着有更多的马氏体组织,其硬而脆,变形能力低,而易发生脆性断裂,形成裂纹。

焊接时,焊缝金属吸收了较多的氢,由于焊缝冷却速度很快,氢气往往来不及析出,集聚在热影响区,局部地区造成很大压力,待奥氏体转变为马氏体组织时,又由于体积膨胀而产生巨大的组织应力,就促使钢发生破坏,从而形成裂纹,氢导致接头氢脆。

焊接接头内部存在应力较大,包括由于温度分布不均造成的温度应力和由于相变(特别是马氏体转变)形成的组织应力,还包括外部应力,如刚性约束条件。焊接结构自重、工作载荷等引起的应力,导致焊接应力过大,从而引起冷裂纹。

总之,氢、淬硬组织和应力这三个因素是导致冷裂纹的主要原因,它们互相影响,互相促进。不过在不同情况下,三者中必有一种是更为主导的因素。例如低碳低合金高强钢中,虽有高的淬透性,但低碳马氏体组织对氢的敏感性并不十分大,可当含氢量达到一定数值时,仍产生了裂纹。此时产生冷裂纹的主要原因是氢。中碳高强度合金钢具有高淬硬性,而淬硬组织有高的氢脆敏感性,此时的主要原因是淬硬组织。又如有未焊透或咬边等缺陷,以及余高截面变化很大,则存在较高的应力集中区,则应力就成为主要原因。

（3）防止冷裂纹的措施

① 选用具有良好力学性能和抗冷裂纹性能、含硫、磷等杂质元素少的钢材。

② 选用碱性低氢焊条、焊剂,以减少带入焊缝中的氢;焊剂、焊条应严格烘干,随用随取;仔细清理坡口,去油除锈,防止环境中的水分带入焊缝;正确选择电源与极性(宜直流反接),注意操作方法(短弧焊接)等。

③ 焊前预热。在材料淬硬倾向大、钢板厚度大、环境温度低等条件下,采取焊前预热或者一边焊接一边补充加热的方法,是防止产生冷裂纹的有效措施。预热可整体加热,也可以是焊缝附近局部加热。预热的作用在于通过减缓冷却速度,改善接头的显微组织,降低焊接热影响区的硬度和脆性,提高塑性,并使焊缝中的氢加速向外扩散。

④ 选用适当的焊接工艺参数。适当减慢焊接速度,使焊接接头的冷却速度慢一些,对防止产生冷裂纹是有利的。但焊接速度过慢也不妥,会引起热影响区过宽,晶粒粗大,反会促使冷裂纹产生。

⑤ 采用合理的装焊顺序。采用合理的装配、焊接顺序、焊接方向等,可以改善焊件的应力状态。

⑥ 后热。焊接后立即对焊件的全部或局部进行加热或保温,以使其缓冷的工艺措施称为后热,又称消氢处理。它主要是使氢扩散,能充分从焊缝中逸出,对于防止产生延迟裂纹有明显的效果。后热温度为 $200\sim250℃$,保温时间根据板厚而定,一般不小于 1h。

⑦ 焊后热处理。焊件在焊后进行热处理,例如高温回火,可以改善接头的组织和性能,可以使氢扩散排出,也可以减少焊接应力。

⑧ 避免强力组装,防止错边、角变形等引起的附加应力;对称布置焊缝,避免焊缝密集,尽量采用对称的坡口形式,并力求减少填充金属量以减小焊接应力,防止产生冷裂纹。

3. 再热裂纹

再热裂纹指焊接结构经受一次焊接热循环后,在二次或多次加热过程中(如消除应力处理或其他加热工艺以及高温的工作条件),发生在焊接接头热影响区的粗晶区,从焊趾部位开始,延向细晶区停止。钢中 Cr、Mo、V、Nb、Ti 等元素会促使形成再热裂纹。

再热裂纹往往出现在奥氏体不锈钢、镍基合金等。而低合金高强度钢的再热裂纹,则是在随着产品向高参数大容量方向发展,随着结构增大、截面增厚时,才在生产中成为突出的问题。

（1）低合金高强度钢产生再热裂纹的原因

一般认为在相当于消除应力处理的温度范围内,当晶界的塑性应变能力不足以承受松弛应力过程中所产生的应变时,则产生再热裂纹。对此,目前认识尚未统一。

（2）产生再热裂纹的条件与特征

① 再热裂纹起源于焊接热影响区的粗晶区,具有晶界断裂特征。裂纹大多发生在应力集中部位。

② 通常再热裂纹发生在 500℃ 以上的再加热过程中。600℃ 附近有一敏感区。超过650℃ 以上时,敏感倾向有所减弱。

③ 合金元素对低合金钢再热裂纹的影响以钒、钼、硼为最大,其他如铜、钛、铌等也有影响。

（3）防止再热裂纹的途径

从钢材及焊缝去除对再热裂纹敏感的合金元素，是最根本的防止产生再热裂纹的办法。但实际上，由于必须满足对钢材综合性能的要求，这一办法往往不易实现。工艺上减小再热裂纹倾向的措施有：

① 减小残余应力和应力集中。提高预热和后热温度，保持焊缝平滑过渡，防止各类焊接缺陷造成的应力集中缺口，必要时将焊缝与母材交界处打磨光滑。

② 在不影响接头工作性能的前提下，选择合适的焊接材料，提高焊缝金属在消除应力处理时的塑性，以提高承担松弛应变的能力。

③ 减小母材热影响区的过热倾向，细化奥氏体晶粒尺寸。

4. 层状撕裂

大型厚壁结构的焊接过程中，会沿钢板的厚度方向产生较大的 Z 向拉伸应力，如果钢中有较多的夹杂，就会沿钢板轧制方向出现一种台阶状的裂纹，称为层状撕裂。简单地说，层状撕裂就是焊接时，在焊接构件中，沿钢板轧制层间形成的呈阶梯状的裂纹。

层状撕裂常出现在厚板的 T 形接头、角接接头和十字接头中，如图 12.2 所示，一般对接接头很少，但有时在焊趾和焊根处由于冷裂纹的诱发也会出现层状撕裂。层状撕裂不仅会出现在厚钢板中（低碳钢和低合金高强钢），也会在铝合金的板材中产生。

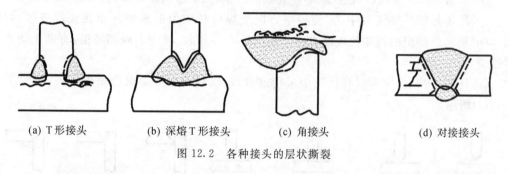

(a) T 形接头　　(b) 深熔 T 形接头　　(c) 角接头　　(d) 对接接头

图 12.2　各种接头的层状撕裂

（1）层状撕裂的起因

钢材由铸锭轧制成板材后，晶间存在的硫化锰等夹杂物也被轧成薄膜状与金属带状组织共存。当夹杂物量较多，形成连续的片状分布时，对钢材厚度方向的延展性影响很大。T形接头、角接接头和十字形接头角焊缝的横向收缩对板厚方向产生的拉应力，在接头拘束度较大的情况下，易发生夹杂物与金属脱开，从而形成裂纹。由于裂纹沿轧层的扩展及向垂直轧制面剪切扩展而互相连通，故一般具有台阶状的特征。

（2）层状撕裂的影响因素

由层状撕裂的成因可知其最主要的影响因素是钢材的硫含量。硫含量越高，夹杂物含量多，容易产生层状撕裂。也与钢材本身的延展性、韧性有关，而钢材的碳当量越高，钢材组织易脆化，层状撕裂越敏感。焊缝扩散氢含量会促使层状撕裂的扩展，对于起源于焊根或发生于热影响区附近的层裂，扩散氢含量则起了间接却重要的影响。

（3）层状撕裂的防止的措施

1）控制钢材的硫含量。国内外钢材产品标准已把厚板的硫含量分为三个质量等级，对应于钢材厚度方向的抗拉性能，以断面收缩率 Z 为表征，表 12.3 所示为我国现行标准《厚度方向性能钢板》(GB/T 5313—2010)规定的钢材硫含量不同级别与断面收缩率 Z 的对应关系。一般板厚 40mm 以下钢材 Z 平均值不小于 15％时,即有较好的抗层状撕裂能力。

表 12.3　钢材厚度方向性能级别及其硫含量,断面收缩率值

级别	含硫量(％)	断面收缩率 Z(％)	单个试样值不小于
	不大于	三个试样平均值不小于	单个试样平均值不小于
Z15	0.010	15	10
Z25	0.007	25	15
Z35	0.005	35	25

2)采用合理的节点设计

① 在满足设计要求焊透深度的前提下,宜采用较小的坡口角度和间隙,如图 12.3(a)所示,以减小焊缝面积和减少母材厚度方向承受的拉应力。

② 宜在角接接头中采用对称坡口或偏向于侧板的坡口,使焊缝收缩产生的拉应力与板厚方向成一角度,尤其在特厚板时,侧板坡口面角度应超过板厚中心,可减小层状撕裂倾向,如图 12.3(b)所示。

③ 采用对称双面坡口,也可减小焊缝截面面积,减小层状撕裂倾向,如图 12.3(c)所示。

④ 在 T 形或角接接头中,宜使板厚方向受焊接拉应力的板端伸出接头焊缝区,如图 12.3(d)所示。伸出的板端使板厚方向受到的拉应力分散,减少了局部峰值,有助于防止层状撕裂。

⑤ 宜在 T 形、十字形焊接接头中采用过渡段,以便用对接焊取代角焊接头,如图 12.3(e)、(f)所示。

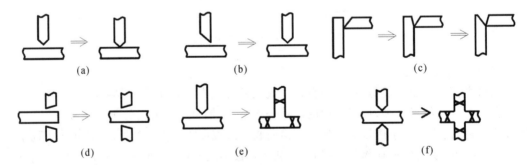

(a)　　　　　　　　　(b)　　　　　　　　　(c)

(d)　　　　　　　　　(e)　　　　　　　　　(f)

图 12.3　T 形、十字形、角接接头防止层状撕裂的设计原则

注:箭头所指方向为抗层状撕裂的接头。

3)采用合理的焊接工艺

① 双面坡口时宜采用两侧对称多道施焊,避免收缩应变集中。

② 宜采用适当小的热输入多层焊接,以减少收缩应变,但淬硬倾向大的钢材不宜采用过小的热输入。

③ 宜采用塑性过渡层,即先用低强度焊条在坡口内母材板面上堆焊过渡层,然后再焊连接焊缝的方法。这一措施可使软夹层金属承受一部分拉伸塑性变形,以避免母材发生层

状撕裂。

④ 宜采用低强度匹配的焊接材料,使焊缝金属具有低屈服点、高延性,可使应变集中于焊缝,以防止母材发生层裂。

⑤ 箱形柱角接接头,当板厚特大时(80mm 及以上)侧板板边火焰切割面宜磨(或刨)去由热切割产生的硬化层,防止层状撕裂起源于板端表面的硬化组织。尤其当钢材的强度级别较高(Q355 及以上)或侧板的坡口角度未超过板厚中心时,更应如此。

⑥ 宜采用低氢、超低氢焊条,或气体保护焊法。

⑦ 宜采用或提高预热温度施焊,以降低冷却速度,改善接头区组织韧性,但采用的预热温度较高时,易使收缩应变增大,在防止层状撕裂的措施中,只能作为次要的方法。

⑧ 宜采用焊后消氢热处理,加速氢的扩散。

在以上所述三种防止层状撕裂的措施中,降低母材硫含量,减少母材夹杂物及分层缺陷,以提高其厚度方向性能应是根本的措施。采用合理的节点和坡口设计以减小焊缝收缩应力也是积极的措施。而焊接工艺上的措施,因受生产施工实际情况的限制,其作用是有限的。虽然采用低硫含量的抗层状撕裂钢加大了工程成本,但是应该看到,层状撕裂与其他裂纹不同,当接头拘束度相当大、板材厚度方向抗拉性能不好时,一旦发生了层状撕裂,如不改变各种主要条件,仅靠焊接工艺参数的优化,有时往往是不可修复的。甚至于越修补应力越复杂,裂得越严重,最终导致整个构件和材料的报废。我国《钢结构焊接规范》GB50661—2011 中已明确规定对于 T 形、十字形、角接接头,当其翼缘板厚大于等于 40mm 时,宜采用抗层状撕裂的 Z 向钢,就是针对建筑钢结构生产、安装中的实际问题提出的。

二、未焊透和未熔合

1.未焊透和未熔合

焊接时,焊接接头根部未完全熔透的现象称未焊透。对接焊缝中,也指焊缝熔透深度未达到设计规定的要求时的情况。如图 12.4(a)所示。

未熔合是指焊接时,焊道与母材之间或焊道与焊道之间未能完全熔化结合在一起的部分,称未熔合。如图 12.4(b)所示。

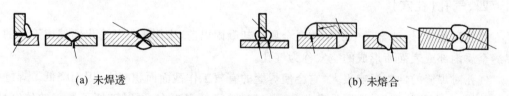

(a) 未焊透　　　　　　　　　　　　　　(b) 未熔合

图 12.4　未焊透与未熔合

2.未焊透和未熔合的危害

未焊透和未熔合直接降低接头的机械性能。同时,未焊透处的缺口及端部是应力集中点,承载后,最易引起裂纹;严重的未熔合焊接结构根本无法承载。

3.未焊透和未熔合产生的原因

产生未焊透的主要原因是焊接电流太小,焊接速度太快;坡口角度太小,钝边太厚,间隙太窄;焊条直径选择不当,焊条角度不对以及电弧偏吹,电弧热能散失或偏于一边等。未熔合产生原因除焊接电流太小和焊接速度太快外,焊件表面或前一焊道表面有氧化皮或熔渣存在,以及焊件边缘加热不充分,而熔化金属却已覆盖在上面,这样,焊件边缘和焊缝金属未能熔合在一起而造成"假焊"。另外,对一定直径的焊条,使用过大的电流,以致焊条发红而造成焊条熔化太快,也会出现未熔合现象。

4. 防止未焊透和未熔合的措施

要避免出现未焊透和未熔合,应从上述原因着手,如正确选用坡口形式和装配间隙;注意坡口两侧及焊层之间的清理;选用稍大的焊接电流,注意焊接速度;运条中随时注意调整焊条角度,防止电弧偏吹,使熔化金属之间及熔化金属与母材之间充分熔合。同时要认真操作,防止焊偏。

三、夹渣(固体夹杂)

焊接熔渣留于焊缝中的现象称夹渣,如图 12.5 所示。夹渣削弱了焊缝的有效截面,从而降低了焊缝的机械性能;夹渣还会引起应力集中,易使焊接结构在承载时遭受破坏。

产生夹渣的原因很多,如焊件边缘及焊道、焊层之间清理不干净,焊接电流太小,焊接速度过快,使熔渣来不及浮出而残留于焊缝中,运条不当,熔渣和铁水分离不清,以至阻碍了熔渣上浮等。

避免产生夹渣的主要方法是选用具有良好工艺性能的焊条,焊条直径必须与焊接接头的坡口、深度相适应,坡口角度不宜过小,并选择适当的焊接工艺参数;焊前、焊接中间要认

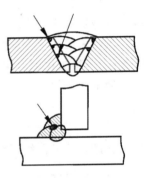

图 12.5　夹渣

真做好焊件和熔渣的清理工作,清除残留的氧化皮及污垢等。在操作过程中,尚需注意熔渣的流动方向,必须使熔渣在熔池后面,若熔渣流到熔池的前面,就很容易产生夹渣,特别是在平角焊时更为严重。当使用碱性焊条焊接立角焊时,除了须正确选用焊接电流外,还需采用短弧焊接,同时运条要均匀,避免产生焊瘤,这是因为立角焊缝的焊瘤下常有夹渣。

四、气孔(孔穴)

焊接过程中,熔池金属中的气体在金属冷却凝固以前,未能来得及逸出而残留下来的在焊缝金属内部或表面所形成的空穴称为气孔。

气孔对焊缝的性能影响很大,它会使焊缝的有效工作截面面积减小,因而降低了焊缝的机械性能,使金属的塑性(特别是弯曲和冲击韧性)降低得更多,同时破坏了焊缝的致密性,严重时会由此而引起整个金属结构的破坏。

形成气孔的气体主要来自外界环境的气体溶解,如氢、氮,另外,是熔池冶金反应产生的不溶于金属的气体,如 CO 和 H_2O(气态)等。所以气孔主要是氢气孔和 CO 气孔两种,有时也会形成氮气孔。

1. 氢气孔

对于低碳钢而言,这种气孔大多出现在焊缝的表面上,气孔的断面形状为螺旋状,从焊缝的表面看是呈喇叭口形,并且在气孔的四周有光滑的内壁,如果焊条药皮中的组成物含有

结晶水,使焊缝中的含氢量过高,这类气孔也会残留在焊缝内部,且一般以小圆球状存在。

在焊接电弧的高温作用下,氢以原子或正离子的形式溶解于金属池中,而且温度越高,金属溶解的气体量越多,从而促使金属为氢饱和。在冷凝结晶过程中,氢在金属中的溶解度急剧下降,并形成过饱和状态,这时便有氢析出,析出的氢原子在遇到非金属夹杂的时候,便积聚形成气孔,猛烈向外排出,来不及浮出的氢便形成气孔。

2. 一氧化碳气孔

一氧化碳气孔一般出现在焊缝内部,并沿柱状晶结晶方向分布,呈长条状,有的如条虫状,表面光滑。

在焊接低碳合金时,电弧气氛中,一氧化碳(CO)的含量较高,电弧中的一氧化碳主要来自焊丝,保护气体(如二氧化碳)、药皮和焊接熔池。

在焊接熔池中,碳被空气直接氧化或通过冶金反应都会生成一氧化碳,而一氧化碳不溶解在液体金属中,便会以气流的形式从熔池中析出。而大部分一氧化碳是在液态溶池温度较高,但离其凝固还有一段时间时形成的。所以,焊接时所形成的一氧化碳大部分是来得及从液态金属中排出到大气中去的,但是当焊接熔池开始结晶或在结晶过程中,由于钢中的碳及氧化亚铁容易偏析,在局部地区浓度增加,使碳和氧化亚铁的反应继续进行,生成一氧化碳。这时金属黏度增大了,吸热反应又加速了冷凝结晶速度,因而使一氧化碳来不及排出而形成气孔。

3. 产生气孔的原因

(1)焊条或焊剂受潮,或者未按要求烘干。焊条药皮开裂、脱落、变质等。

(2)焊芯或焊丝表面有油,工件坡口有锈、油、水分(铁锈中含结晶水,高温时分解出氢、氧)等。

(3)焊接参数不当,如电流偏小,焊接速度快等使熔池温度降低,熔池存在时间短,电弧电压高或电弧偏吹,碱性焊条引弧和熄弧方法不当,都容易产生气孔。

(4)电流种类和极性的影响。使用交流电源焊缝易出现气孔;直流反接气孔倾向小。

(5)埋弧焊电弧电压过高或网络电压波动等。

4. 防止产生气孔的方法

(1)消除产生气孔的各种来源

① 仔细清除焊件表面上的异物,在焊缝两侧 20～30mm 范围内都要进行除锈;

② 焊丝焊条不应生锈,焊剂要清洁,并应按规定烘干焊条或焊剂;

③ 焊条或焊剂要合理存放、保管,防止受潮。

(2)加强熔池保护

① 焊条药皮不要脱落,焊剂或保护气体送给不能中断。

② 采用短弧焊接。电弧不得随意拉长,操作时适当配合动作,以利气体逸出,注意正确引弧;操作时发现焊条偏心要及时倾斜焊条,保持电弧稳定或调换。

③ 装配间隙不要过大。

(3)正确执行焊接工艺规程

① 选择适当的焊接工艺参数,运条速度不能太快。

② 对导热快、散热面积大的焊件,当周围环境温度低时,应进行预热。

五、形状缺陷

1. 咬边

咬边是沿着焊趾的母材部位产生的沟槽或凹陷,如图 12.6 所示。

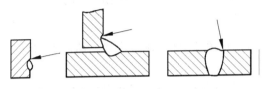

图 12.6　咬边

咬边减弱了母材的有效面积,降低了焊接接头强度,并且在咬边处形成应力集中,承载后有可能在咬边处产生裂纹。

产生咬边的原因视不同情况而异,如平焊时焊接电流太大以及运条速度不合适;在角焊时,焊条角度或电弧长度不适当;在埋弧焊时,焊接速度过快等。

防止焊缝产生咬边的主要措施是选择适当的焊接电流,保持运条均匀;角焊时,焊条要采用合适的角度和保持一定的电弧长度;埋弧焊时要正确选择焊接工艺参数。

2. 焊瘤

焊接过程中,熔化金属流淌到焊缝之外未熔化的母材上或已冷凝的焊缝上所形成的金属瘤,称为焊瘤,如图 12.7 所示。

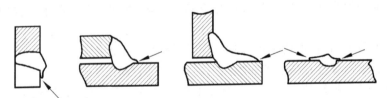

图 12.7　焊瘤

焊瘤不仅影响焊缝的美观,而且在焊瘤的部位,往往还存在夹渣和未焊透。管子内的焊瘤还会影响有效的流通面积,增加阻力,甚至会造成堵塞。

产生焊瘤的主要原因是操作不熟练和运条不当,有时使用过长的焊接电弧,也有可能造成焊瘤;立焊时,若用过大的电流而操作不当,则更易出现焊瘤;埋弧自动焊在焊接表面焊缝时,电弧电压过高或焊接速度过慢,也会产生焊瘤。

防止产生焊瘤的最重要措施是提高操作技术的熟练程度,善于控制熔池的形状。使用碱性焊条时,宜采用短弧焊接,运条速度要均匀,并需选用正确的焊接电流;埋弧焊时,选用适当的焊接工艺参数。立焊时,电流要适宜,运条至焊缝中间应稍快,防止熔池金属下淌,形成焊瘤。

3. 弧坑与凹坑

凹坑是焊后在焊缝表面或背面形成的低于母材表面的局部低洼部分。弧坑也是凹坑的一种,它是在焊缝收尾处产生的凹陷现象,如图 12.8 所示。

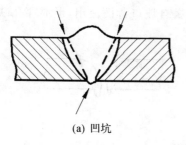

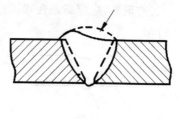

（a）凹坑　　　　　　　　　　　　　（b）弧坑

图 12.8　凹坑和弧坑

　　凹坑与弧坑都使焊缝的有效断面减少了,降低了焊缝的承载能力,对弧坑来说,由于杂质的集中,会导致产生弧坑裂纹。

　　产生凹坑与弧坑的主要原因是操作技能不熟练,不善于控制熔池的形状;焊接表面焊缝时,焊接电流过大,焊条又未适当摆动,熄弧过快;过早进行表面焊缝焊接或中心偏移等都会导致凹坑;埋弧焊时,导电嘴压得过低,造成导电嘴黏渣(焊渣或其他杂质附着在导电嘴上),也会使表面焊缝两侧凹陷或按停止开关时,未分两次按下,导致弧坑未能填满而产生弧坑。

　　为了防止凹坑与弧坑的产生,必须熟练掌握操作技能。为避免弧坑,手工电弧焊时,焊条必须在收尾处作短时间停留或作划圈收弧动作;在埋弧自动焊时,要分两步按下"停止"(先停止送丝,后切断电源)按钮,以填满弧坑。

4.焊缝尺寸不符合要求

　　焊缝外表形状高低不平,波形粗劣;焊缝宽度不齐,太宽或太窄;焊缝余高过高或过低不均;角焊缝焊脚尺寸不均等都属于焊缝尺寸及形状不符合要求。如图 12.9 所示。

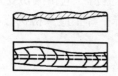

焊缝高低不平,宽度不齐,波形粗劣　　　　　　　余高过高或焊缝低于母材

图 12.9　焊缝尺寸及形状不符合要求

　　焊缝宽度不一致,除了造成焊缝成形不美观外,还影响焊缝与母材的结合强度;焊缝余高太高使焊缝与母材交界突变,形成应力集中,而焊缝低于母材,就不能得到足够的接头强度;角焊缝的焊脚尺寸不均,且无圆滑过渡也易造成应力集中。

　　产生焊缝尺寸及形状不符合要求的原因很多,但主要有:焊接坡口角度不当或装配间隙不均匀;焊接电流过大或过小;运条速度或手法不当,以及焊条角度选择不适合;埋弧自动焊中主要是焊接工艺参数选择不当。

　　为了防止上述情况,应注意选择正确的坡口角度及装配间隙,正确选择焊接电流;要熟练地掌握运条手法及速度,随时适应焊件装配间隙的变化,以保持焊缝的均匀;在角焊缝时,要注意保持正确的焊条角度,运条速度及手法要根据焊脚尺寸而定。

5.塌陷与烧穿

　　塌陷是指熔化焊时,由于焊接工艺不当,造成焊缝金属过量透过背面,而使焊缝正面塌陷、背面凸起的现象,烧穿即是在焊接过程中,熔化金属自坡口背面流出,形成穿孔缺陷,如图12.10所示。

(a) 塌陷   (b) 烧穿

图 12.10 塌陷和烧穿

塌陷和烧穿是在手工电弧焊和埋弧焊中常见的缺陷。前者削弱了焊接接头的承载能力;后者则可能使焊接接头完全失去了承载能力,是一种绝对不允许存在的缺陷。

造成塌陷和烧穿的主要原因是焊接时的线能量过大。如焊接电流过大,焊接速度过慢以及电弧在焊缝某处停留时间过长。另外,若焊件间隙太大,而操作工艺不当,则也会产生上述缺陷。

防止塌陷和烧穿的主要措施是正确选择焊接电流和焊接速度,减少熔池在每一部位的停留时间,严格控制焊件的装配间隙。

6. 电弧擦伤

电弧焊时,在坡口外钢材上引弧或打弧产生的母材表面局部损伤(弧痕),称为电弧擦伤。

电弧擦伤处,冷却速度快,易引起表面脆化,产生显微裂纹,可成为工件断裂破坏的裂源。

易淬火的高强钢、低温钢及不锈钢表面应严格防止电弧擦伤。电弧擦伤处须用砂轮打磨掉,打磨后的凹坑,应视具体情况进行表面擦伤检查或补焊。焊工应严格执行不在坡口面外引弧的规定,同时,注意地线的搭接,防止拖拉起弧。

12.3 焊接缺陷的返修

焊缝缺陷应按照《钢结构焊接规范》(GB 50661—2011)的规定进行清除和返修。

当焊缝表面缺陷超过相应的质量验收标准时,对气孔、夹渣、焊瘤、余高过高等缺陷应用砂轮打磨、铲凿、钻、铣等方法去除,必要时应进行补焊;对焊缝尺寸不足、咬边、弧坑、未焊满等缺陷应进行补焊。

一、返修程序

经无损检测确定焊缝内部存在超过标准规定的缺陷时,应进行返修,返修须符合以下规定。

1. 返修前应由施工企业技术人员编写返修方案。

2. 根据无损检测确定的缺陷位置、深度,用砂轮打磨,或碳弧气刨清除缺陷。缺陷为裂纹时,碳弧气刨前,应在裂纹两端钻止裂孔,并清除裂纹及其两端各50mm长的焊缝或母材。

3.清除缺陷时,应将刨槽加工成四侧边斜面角大于 10°的坡口,并应修整表面,磨除气刨渗碳层,必要时,应用渗透探伤或磁粉探伤方法确定裂纹是否彻底清除。

4.焊补时,应在坡口内引弧,熄弧时应填满弧坑;多层焊的焊层之间接头应错开,焊缝长度应不小于 100mm;当焊缝长度超过 500mm 时,应采用分段退焊法。

5.返修部位应连续焊成。如中断焊接时,应采取后热、保温措施,防止产生裂纹。再次焊接前,宜用渗透探伤或磁粉探伤方法检查,确认无裂纹后,方可继续补焊。

6.焊接修补的预热温度应比相同条件下正常焊接的预热温度高,并应根据工程节点的实际情况确定是否需要采用低氢、超低氢型焊条焊接或焊后进行消氢处理。

7.焊缝正、反面各作为一个部位,同一部位返修不宜超过两次。

8.对两次返修后仍不合格的部位,应重新制订返修方案,经工程技术负责人审批并报监理工程师认可后,方可执行。

9.返修焊接后,填报返修施工记录及返修前后的无损检测报告,作为工程验收及存档资料。

返修应按经评定合格的焊接工艺规范进行补焊。补焊时应尽量使用较小的线能量,比正常焊接时,适当提高预热温度,尽可能采用多层多道焊,焊后尽可能采取防止产生冷裂纹、延迟裂纹的工艺措施,如预热适当保温、消氢处理等。必要时,还可以采取消除焊接残余应力的局部热处理。

焊缝不宜多次返修,焊缝多次返修本身说明焊接工艺不当(主要是焊接操作不当)或焊接工艺保证条件失控、漏检,这种失控状态下的焊接必须杜绝。

关于返修次数,仅仅从无损检测、力学性能试验和金相组织观察上来评价焊缝多次返修的影响是不充分的。应该肯定,焊缝多次返修即使是无损检测,力学性能试验和金相组织都未发现异常,但仍然对焊接接头质量有不良的影响。首先表现在焊接次数的增加,也就成为产生热影响区冷裂纹、延迟裂纹的隐患。其次是过热区的晶粒因多次过热而长得更大,造成组织不均匀和复杂的应力状态。这对钢结构安全使用的可靠性是不利的。因此返修次数应按规程要求严格控制,同一部位返修不宜超过两次。

二、采用碳弧气刨工艺的规定

1.碳弧气刨工必须经过培训合格后,方可上岗操作。

2.如发现"夹碳"(碳的夹杂物,碳化物熔化母材金属后,部分碳化物与母材金属凝固为一个整体),应在夹碳边缘 5～10mm 处重新起刨,所刨深度比夹碳处深 2～3mm;发生"黏渣"时,可用砂轮打磨。Q420、Q460 及调质钢在碳弧气刨后,不论有无"夹碳"或"黏渣",均应用砂轮打磨刨槽表面,去除淬硬层后,方可进行焊接。

三、熔化焊常见缺陷、原因及排除方法

熔化焊常见缺陷及其产生原因和排除方法如表 12.4 所示。

表 12.4　熔化焊常见缺陷产生原因和排除方法

序号	缺陷名称	产生原因	排除方法
1	焊接变形	a.焊接准备不好 b.焊接夹具低劣 c.操作技术不好	认真做好焊前准备,选用合格夹具,采取相应措施消除残余变形
2	焊缝尺寸 不符合要求	a.焊条移动(摆动)不正确 b.焊接规范、坡口选择不好	a.选择合适焊接规范、坡口 b.正确移动焊条
3	咬边	a.焊条角度和摆动不正确 b.焊接规范、顺序不对 c.焊条端部药皮的电弧偏吹 d.焊接工件的位置安放不当	a.轻微的、浅的咬边可用机械方法修锉使其平滑过渡 b.严重的、深的咬边应进行补焊
4	焊瘤	a.焊条质量不好 b.焊条角度不好 c.焊接位置、焊接操作不当	用机械方法修锉
5	焊漏和烧穿孔	a.坡口尺寸不符合要求,间隙过大 b.电流过大或焊速太慢 c.操作技术不佳	清除烧空孔洞边缘的残余金属,用补焊的方法填平孔洞再继续焊接
6	未填满	焊接电流过大且焊接速度太快	用补焊方法填满
7	弧坑	a.操作技术不正确 b.设备无电流衰减系统	用机械方法修锉并焊补
8	下榻、焊缝 超高及 凸度过大	a.焊接速度太慢 b.操作技术不佳	用机械方法铲去过高焊缝金属
9	表面和内部气孔	a.焊接材料和工件不符合工艺要求,不干净,焊条吸潮 b.焊接电流过小,焊速太快,弧长太长 c.焊接区域保护不好 d.被焊材料表面潮湿	铲去气孔处的焊缝金属,然后焊补
10	夹渣	a.填充材料质量不好,熔渣太稠 b.焊接电流太小,焊速太快 c.焊件表面不干净 d.熔池保护不良 e.操作技术不佳	铲除夹渣处的焊缝金属然后进行焊补
11	未熔合和未焊透	a.焊接速度太快,焊接电流太小 b.坡口、间隙的尺寸不对 c.焊条偏心 d.工件不干净 e.焊接技术不佳	a.在开敞性的结构,可以在其单面焊缝背部未焊透直接补焊 b.对于不能直接焊补的重要焊件应铲去未焊透处的部分或全部焊缝金属重新焊接或补焊

续表

序号	缺陷名称	产生原因	排除方法
12	裂纹	a. 焊接技术不好 b. 焊接不规范 c. 焊缝内应力大 d. 被焊材料裂纹敏感性强 e. 填充材料质量不合格 f. 其他缺陷引起	在裂纹两端钻止裂孔或铲去裂纹处的金属,进行补焊
13	错边	装配定位焊时产生的偏差	用加热、加压矫正
14	角度偏差	装配定位焊或焊接变形造成	用加热、加压矫正
15	电弧擦伤和飞溅	a. 操作技术不佳 b. 焊接参数不正确	用机械方法修锉,母材表面损伤时用熔焊补,并打磨平整
16	磨痕、凿痕及打磨过量	操作技术不当	对于深的磨痕用补焊的方法,并重新打磨

12.4　焊接质量检验

焊接质量检验应贯穿于产品生产的全过程。按生产过程的特点,焊接质量检验分三个阶段进行,即焊接前检验、焊接过程中检验和焊后成品检验。

一、焊前检验

焊前检验的内容主要有:检查技术文件(设计图纸、工艺文件等)是否完整齐全,并符合现行各项标准、法规的要求;焊接材料(焊条、焊丝、焊剂等)和基体金属原材料的质量验收(包括对质量证明书、复验报告、外观质量的检查、验收);焊接工艺评定试验结果及编制的焊接工艺文件或工艺规程的审查;构件装配和坡口质量的检查;焊接设备是否完好、可靠;以及焊工操作水平、资格的认可等。焊前检验的目的是预防或减少焊接时产生缺陷的可能性。

焊工的素质是焊缝质量的重要保证,焊工必须经培训考试并取得合格证书。持证焊工必须在其考试合格项目及其认可范围内施焊。

焊前检验很重要,可防患于未然。特别是材料如有质量问题无法逆转,前面出了问题,将会造成重大的损失。2005 年,某公司一个高层建筑工程,因在安装焊接探伤过程中发现钢板存在夹杂物偏析严重的问题,导致 4000 多吨钢构件报废,损失重大。

二、焊接过程中检验

主要检查焊接设备运行情况,焊接工艺执行情况;产品试板的检验;焊缝的外观质量检验和无损探伤的检测等。其目的是及时发现焊接过程中的问题,以便随时加以纠正,防止产生缺陷的情况扩大和再发生。同时对出现的缺陷进行及时返修处理。

三、焊后检验

焊后检验是焊接检验的最后环节,是在全部焊接工作完成后进行的成品检验,是鉴定产品质量的主要依据。成品检验的方法和内容主要包括外观检验(结构形状与尺寸及焊缝表面质量的检验);焊缝的无损检测;焊缝金属或堆焊层化学成分及铁素体含量和堆焊层结合强度的测定等;焊接接头及整体结构的强度试验和致密性检验;结构在承压或承载条件下的应力测试等。

成品检验的方法很多,总的可分为破坏性检验和非破坏检验(也称无损检验)两种。采用哪种检验方法,应根据结构特点、特性及使用情况,由设计部门结合有关标准、规程来决定。

1. 非破坏性检验

非破坏性检验即无损检验。不损坏被检查材料或成品的性能和完整性而检测其缺陷的方法,称为无损检验。它一般包括以下方法。

(1)目视检测(VT)

钢结构焊缝外观检验按《钢结构工程质量验收标准》(GB 50205—2020)和其他相应产品标准对照检查。

焊缝外观检查是用肉眼或用低倍放大镜(不大于5倍)观察焊件,以发现未熔合、表面气孔、咬边、焊瘤、夹渣及裂纹等表面缺陷的检验方法。在测量焊缝外形尺寸时,可采用标准板、钢板尺和量规等。

(2)超声波检测(UT)

超声波是一种人耳听不见的高频率音波(2000Hz),它能在金属内部传播,并在遇到两种介质的界面上时,会发生反射和折射,以此原理来检查焊缝中的缺陷的方法,就是超声波探伤。

1)超声波探伤的优点

① 探伤速度快,效率高;

② 不需要专门的工作场所;

③ 设备轻巧,机动性强,野外、高空作业,方便实用;

④ 能检查对接、T形、角焊焊缝等;

⑤ 对焊缝内部危险性缺陷,如裂纹、未焊透和未熔合检测的灵敏度高;

⑥ 易耗品极少,检测成本低。

2)超声波探伤的局限性

① 操作人员需专门培训,并经考核合格,才可上岗独立操作;

② 缺陷定性与定量困难;

③ 探测结果的评定受人为因素影响大;

④ 缺陷真实形状与探测结果判定有一定偏差;

⑤ 探测结果不能直接记录存档等。

钢结构一、二级焊缝应采用超声波探伤,要求如表12.5所示。

表 12.5　一、二级焊缝质量等级及缺陷分级

焊缝质量等级		一级	二级
内部缺陷 超声波探伤	评定等级	Ⅱ	Ⅲ
	检验等级	B 级	B 级
	探伤比例	100％	20％
内部缺陷 射线探伤	评定等级	Ⅱ	Ⅲ
	检验等级	AB 级	AB 级
	探伤比例	100％	20％

注:探伤比例的计数方法应按以下原则确定:

①对工厂制作焊缝,应按每条焊缝计算百分比,且探伤长度应不小于 200mm,当焊缝长度小于 200mm 时,应对整条焊缝进行探伤;

②对现场安装焊缝,应按同一类型、同一施焊条件的焊缝条数计算百分比,探伤长度应不小于 200mm,并应不少于 1 条焊缝。

超声波探伤不能对缺陷做出判断时,应采用射线探伤。

（3）射线探伤（RT）

射线通过不同物质被吸收的程度不同,金属密度越大,厚度越大,射线被吸收得越多。因此,射线通过被检查的焊缝时,在缺陷处和无缺陷处被吸收的程度不同,使得射线透过接头后,强度的衰减有明显的差异,作用在胶片上,使胶片的感光程度也不一样。通过缺陷处的射线,强度衰减小,对胶片感光较强,冲洗后颜色较深。无缺陷处,射线强度衰减大,对胶片感光弱,冲洗后颜色较淡。这样通过观察底片上的影像,就能发现焊缝内有无缺陷及缺陷的种类、大小与分布。射线探伤就是根据这个原理来进行的。

射线检测是较准确而又可靠的无损检测方法之一,它可检测焊缝内部缺陷,并直接显示内部缺陷的形状、大小和性质,便于缺陷的定性、定量和定位,并可检查几乎所有的材料,射线照相的底片还可留作永久性的记录。

射线检测分为 χ 射线、γ 射线、中子射线照明法等,以 χ 射线用得最多,但钢结构生产中用得极少。

χ 射线探伤一般用荧光屏透照成像法。

（4）渗透检测（PT）

渗透探伤是利用毛细管作用原理来检查表面开口性缺陷的无损检测方法。它是将渗透性很强的液态物质如荧光染料或红色染料的渗透剂渗入材料表面缺陷内,然后用一种特殊方法或介质（显像剂）再将其吸附到表面上来,以显示出缺陷的形状和部位。

渗透探伤可检测非磁性材料和非金属材料,如奥氏体不锈钢和铜、铝等,以及塑料、陶瓷等的各种表面缺陷,可发现表面裂纹、分层、气孔、疏松等缺陷,它不受缺陷形状和尺寸的影响,也不受材料组织结构和化学成分的限制。

但渗透检测也有局限性,当零件表面太粗糙时,易造成假象,降低检测效果。粉末冶金零件或其他多孔材料不宜采用。

渗透检测根据渗透液所含的染料成分,可分为荧光法和着色法两种。

（5）磁粉检测（MT）

磁粉检测适用于铁磁性材料的表面缺陷检测。

　　磁粉检测是利用在强磁场中,铁磁性材料表层缺陷产生的漏磁场吸附磁粉的现象而进行的无损检验法。

　　缺陷的显露和缺陷与磁力线的相对位置有关。与磁力线相垂直的缺陷,显现得最清楚。如果缺陷和磁力线平行则显露不出来。所以显露横向缺陷时,应使焊缝充磁后产生的磁力线是沿焊缝的轴线方向;在显现纵向缺陷时,应使焊缝充磁后产生的磁力线与焊缝垂直。

　　磁粉探伤适用于薄壁件或焊缝表面裂纹的检验。它能很好地显露焊缝和母材表面的裂纹,也能显露出一定深度和大小的未焊透。但难于发现气孔和夹渣以及隐藏在深处的缺陷。

　　磁粉探伤后构件中有剩磁,这对于某些构件来说是不允许的,应采取去磁措施。

　　2. 破坏性检验

　　破坏性检验是从焊件或试件上切取试样,或以产品(或模拟体)的整体破坏做试验,以检查其各种力学性能的试验方法。

　　(1)力学性能试验

　　焊接接头的力学性能试验,按国家标准 GB/T 2650—2008～GB/T 2653—2008 或其他专业标准进行。根据产品的具体要求,一般进行拉伸、弯曲、冲击、硬度等试验,以检查焊缝金属及焊接接头的机械性能。建筑钢结构焊接工艺评定的取样位置可以按《钢结构焊接规范》(GB 50661—2011)执行。

　　1)拉伸试验

　　拉伸试验是为了测定焊接接头或焊缝金属的强度极限 f_u(即抗拉强度)、屈服极限 f_y、断面收缩率 ψ 和延伸率 δ 等力学性能指标。这是测定焊接接头及焊接性能的重要检验方法。

　　焊缝金属拉伸试样、焊接接头拉伸试样的形状和尺寸按标准 GB/T 2652—2008 和 GB/T 2651—2008。拉伸试样一般有圆棒形试样、板状试样和整管试样三种。

　　2)冲击试验

　　冲击试验是为了测定焊缝金属或母材焊接热影响区在受冲击载荷时抗折断的能力。冲击试验的温度一般根据母材材质或设计要求来决定。试验温度有常温、0℃、−20℃、−30℃、−40℃等。

　　焊接接头的冲击试验方法按 GB/T 2650—2008 标准。

　　3)弯曲试验

　　焊接接头的弯曲试验按 GB/T 2653—2008 标准。它是测定焊接接头弯曲时的塑性,考核熔合区的熔合质量和暴露焊接接头内的焊接缺陷。

　　弯曲试验将试样弯曲到技术条件规定的弯曲角度后(如 100°、120°、180°等)检查试样有无裂纹、缺陷等。

　　弯曲试验分面弯、背弯、侧弯等。

　　4)硬度试验

　　硬度试验是为了测定焊接接头各个部分(焊缝、熔合线、热影响区)的硬度。测定硬度的方位按 GB/T 2654—2008 标准确定。

　　其他还有疲劳试验、断裂韧性试验、压扁试验等,建筑钢结构中一般不做。

　　(2)焊接接头的金相检验

　　金相检验一般分宏观和微观两种,钢结构行业一般只做宏观金相检验。

宏观金相检验是在试样焊缝横截面上,用肉眼或借助于低倍放大镜(5～10 倍)观察焊缝组织,可以清晰地看到焊缝各区的界限、焊缝金属的结构以及是否存在未焊透、夹渣、气孔、裂纹、偏析等缺欠现象。

宏观金相试样制作方法:在焊接试板上截取试样,经过刨削、磨削(或铣削)试样焊缝横截面,然后进行酸腐蚀,再清洗、吹干,即可观察试样横截面。

金相微观检验是在 100～1500 倍显微镜下观察金属的显微组织,确定焊接接头各部分的组织特性、组织颗粒大小及近似的机械性能等。

金相微观试样的制作方法是:在焊接试板上截取焊缝横断面试样,经过刨削,再用砂纸打磨、抛光,然后进行腐蚀、吹干,最后放在金相显微镜下观察。必要时,可以把典型的金相组织通过照相制成金相照片。

(3)焊缝金属的化学分析

焊缝金属的化学分析是检查焊缝的化学成分。焊缝金属化学分析的试样,应从堆焊层内或焊缝金属内取得。从焊缝中取样,一般用直径为 6mm 左右的钻头钻取。采集试样的工具应干燥洁净,样品的数量根据所分析的化学元素多少而定,一般常规分析需试样 50～60g。建筑钢结构行业中,对低碳钢、低合金钢及其焊缝化学成分的分析一般只做碳(C)、锰(Mn)、硅(Si)、硫(S)和磷(P)这五大元素。

(4)焊接性试验

焊接性试验是评定母材焊接性能的试验,如焊接裂纹试验、接头力学性能试验、接头腐蚀试验等。对于不同的焊接结构所采用的不同种类的材料,在产品正式投产前,必须先进行焊接性试验。

焊接性试验也可以制造模拟产品,然后进行破坏性检验的方式来做焊接性试验。其他破坏性检验还有适合不锈钢材料的晶间腐蚀试验等。

复习思考题

12.1 焊接缺陷按其性质分为哪几类?

12.2 焊接缺陷的危害性主要有哪些?

12.3 什么叫焊接裂纹?一般可分为哪几类?

12.4 为什么说裂纹是最危险的焊接缺陷?

12.5 什么叫未焊透和未熔合?有什么危害?

12.6 什么叫夹渣?又有什么危害?

12.7 什么叫气孔?产生气孔的原因有哪些?

12.8 主要形状缺陷有哪些?

12.9 什么叫电弧擦伤?有何危害?

12.10 焊接质量检验分哪几个阶段?分别应检验哪些内容?

12.11 非破坏性检验主要有哪些方法?

12.12 破坏性检验又有哪些方法?进行机械性能试验的方法有哪些?

参考资料

[1] 中华人民共和国国家标准. 金属熔化焊接头缺欠分类及说明 GB/T 6417.1—2005[S].

[2] 中华人民共和国国家标准. 厚度方向性能钢板 GB 5313—2010[S].

[3] 中华人民共和国国家标准. 钢结构工程质量验收标准 GB 50205—2020[S].

[4] 中华人民共和国国家标准. 焊接接头冲击试验方法 GB/T 2650—2008[S].

[5] 中华人民共和国国家标准. 焊接接头拉伸试验方法 GB/T 2651—2008[S].

[6] 中华人民共和国国家标准. 焊缝及熔覆金属拉伸试验方法 GB/T 2652—2008[S].

[7] 中华人民共和国国家标准. 焊接接头弯曲试验方法 GB/T 2653—2008[S].

[8] 中华人民共和国国家标准. 焊接接头硬度试验方法 GB/T 2654—2008[S].

[9] 中华人民共和国国家标准. 钢结构焊接规范 GB 50661—2011[S].

第13章　焊缝符号和焊接接头标记

13.1　基本规定

一、焊缝符号

在钢结构施工图纸上的焊缝应采用焊缝符号表示。有关焊缝符号及标注方法,在现行国家标准《建筑结构制图标准》(GB/T 50105—2010)[1]中有详细规定,一般都按此执行。它的主要依据是另一册现行国家标准《焊缝符号表示法》(GB/T 324—2008)[2],个别作了简化。

本书主要简介 GB/T 324 的规定。

焊缝符号由指引线和表示焊缝截面形状的基本符号组成,必要时还可加上尺寸符号和补充符号。

1. 指引线一般由带有箭头的指引线(简称箭头线)和两条相互平行的基准线所组成。一条基准线为实线,另一条为虚线,均为细线,如图 13.1 所示。虚线的基准线可以画在实线基准线的上侧或下侧。基准线一般应与图纸的底边相平行,但在特殊条件下也可与底边相垂直。为了引线的方便,允许箭头线弯折一次。图 13.1 中(b)和(c)图的表示方法是相同的,都代表(a)图所示 V 形对接焊缝。GB/T 50105 中将基准线简化为一条实线,即取消虚线的基准线。

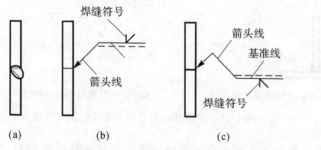

图 13.1　指引线的画法

(a)焊件上的 V 形对接焊缝;(b)指引线及焊缝的基本符号,虚线在实线下侧;(c)同(b),但箭头线弯折一次,实线画在虚线下侧

2. 基本符号用以表示焊缝的形状,今摘录钢结构中常用的一些基本符号如表 13.1

所示。

表 13.1　常用焊缝基本符号摘录

名称	封底焊缝	对接焊缝					角焊缝	塞焊缝与槽焊缝	点焊缝
		I形焊缝	V形焊缝	单边V形焊缝	带钝边的V形焊缝	带钝边的U形焊缝			
符号	⌣	‖	V	V	Y	Y	⊿	⊓	○

注:①焊缝符号的线条宜粗于指引线。
　　②单边V形焊缝与角焊缝符号的竖向边永远画在符号的左边。

基本符号与基准线的相对位置是:

(1)如果焊缝在接头的箭头侧,基本符号应标在基准线的实线侧;当不用虚线基准线时,应标在实线的上方。

(2)如果焊缝在接头的非箭头侧,基本符号应标在基准线的虚线侧;当不用虚线基准线时,应标在实线基准线的下方。

(3)标双面对称焊缝时,基准线可只画实线一条。

(4)当为单面的对接焊缝如V形焊缝、U形焊缝,则箭头线应指向有坡口一侧,如图13.1所示。

为了说明上述第(1)~(3)点的规定,特举例示于图13.2。

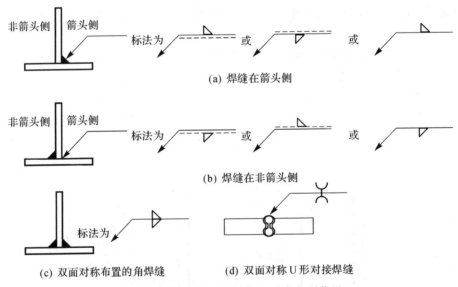

(a) 焊缝在箭头侧

(b) 焊缝在非箭头侧

(c) 双面对称布置的角焊缝　　(d) 双面对称U形对接焊缝

图 13.2　焊缝基本符号与基准线的相对位置

3.补充符号是用来补充说明有关焊缝或接头的某些特征的符号,如对接焊缝表面余高部分需加工使与焊件表面齐平,则可在对接焊缝符号上加一短画,此短画即为补充符号(见表 13.2)。

钢结构图纸中常用的补充符号摘录示于表 13.2。

表 13.2　焊缝符号中的补充符号

名称	示意图	符号	示例
平面符号		―	
凹面符号		∪	
三面围焊符号		⊏	
周边焊缝符号		○	
工地现场焊符号[①]			或
焊缝底部有垫板(衬垫)的符号[②]		▭	
尾部符号[③]		<	

注:①工地现场焊符号的旗尖指向基准线的尾部。
　　②对设计要求焊接完成后拆除的垫板(临时垫板),应在符号框内添加"R"。
　　③尾部符号用以标注需说明的相同焊缝编号、焊接方法代号、焊接位置等,每个款项之间应用"/"分开。

4.焊缝尺寸在基准线上的标注法是:

(1)有关焊缝横截面的尺寸如角焊缝的焊脚尺寸等一律标在焊缝基本符号的左侧。

(2)有关焊缝长度方向的尺寸如焊缝长度等一律标在焊缝基本符号的右侧。

当箭头线的方向改变时,上述原则不变。

(3)对接焊缝的坡口角度、根部间隙等尺寸标在焊缝基本符号的上侧或下侧。

需注意的是:上述标注方法只适用于表达两个焊件相互焊接的焊缝。如为三个或三个以上的焊件两两相连,其焊缝符号及尺寸应分别标注。如十字形接头是三个焊件相连,其连接焊缝就应按图13.3所示标注。

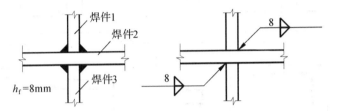

图 13.3　三个焊件两两相连时的焊缝标注方法

此外,对在同一图形上的相同焊缝(焊缝的形式、尺寸和其他要求均相同),可按下列方法表示(GB/T 50105—2010 第 4.3.8 条):

(1)只选择一处标注焊缝的基本符号和尺寸符号,并加注"相同焊缝符号";其他各处(相同焊缝处)只需绘指引线加相同焊缝符号;相同焊缝符号为大半个圆弧,绘在指引线的转折处。

(2)当同一图形上有数种相同的焊缝时,可将焊缝分类编号标注;分类编号采用大写的拉丁字母 A、B、C……;对同一类焊缝,按上述(1)方法标注,并用尾部符号标明焊缝类别。

二、焊接接头标记

在钢结构施工图纸上的焊缝,除应采用焊缝符号表示外,还需用焊接接头标记注明焊接方法、接头的坡口形状、尺寸等,其标记应符合钢结构焊接规范 GB 50661—2011 的规定[4]。

焊接接头标记由焊接方法及焊透种类、接头型式与坡口形状、反面垫板类型与单面或双面焊接三组代号组成,即:

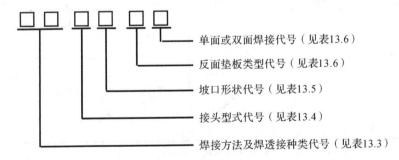

单面或双面焊接代号（见表13.6）
反面垫板类型代号（见表13.6）
坡口形状代号（见表13.5）
接头型式代号（见表13.4）
焊接方法及焊透接种类代号（见表13.3）

表 13.3　焊接方法及焊透种类代号

代号	焊接方法	焊透种类
MC	焊条电弧焊	完全焊透
MP		部分焊透
GC	气体保护电弧焊	完全焊透
GP	自保护电弧焊	部分焊透
SC	埋弧焊	完全焊透
SP		部分焊透
SL	电渣焊	完全焊透

表 13.4　接头型式代号

代号	接头型式	备注
B	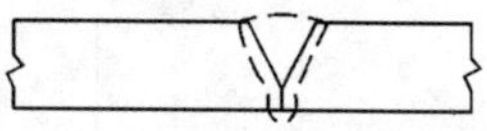	对接（butt joint）
T	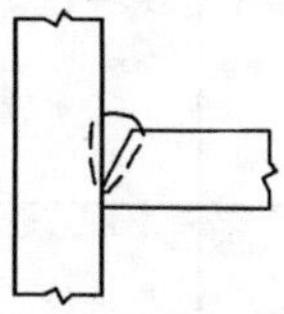	T 接（T-joint）
C	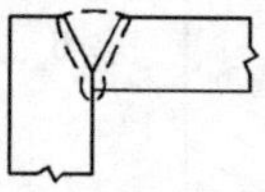	角接（corner joint）

表 13.5　坡口形状代号

代号	坡口形状	备注
I	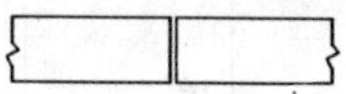	I 形坡口
L	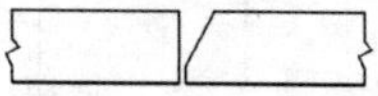	单边 V 形坡口
V	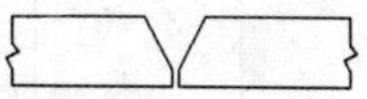	V 形坡口
X		X 形坡口
K	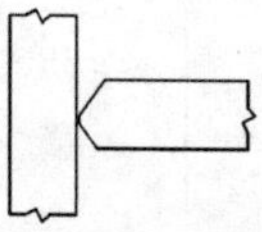	K 形坡口

表 13.6　垫板类型及单、双面焊接代号

反面垫板类型		单、双面焊接	
代号*	使用材料	代号	焊接规定
BS	钢衬垫	1	单面焊接
BF	其他材料的衬垫	2	双面焊接

注：* 无垫板省略。

例如标记 MC-BI-BS1 表明：焊接方法为焊条电弧焊，完全焊透；接头型式为对接接头，坡口形状为Ⅰ型；反面垫板采用钢衬垫，单面焊。

表 13.7 列举了几种常见的焊接接头标记，详见 GB 50661—2011 附录 B。

表 13.7　几种常见的焊接接头标记

标记	坡口形状示意图	板厚（mm）	焊接位置	坡口尺寸（mm）	备注
MC-BV-2		≥6	F H V O	$b=0\sim3$ $p=0\sim3$ $\alpha_1=60°$	清根
GC-CV-2		≥6	F H V O	$b=0\sim3$ $p=0\sim3$ $\alpha_1=60°$	清根
SC-CV-BS1		≥10	F	$b=8$ $H_1=t-p$ $p=2$ $\alpha_1=30°$	
MP-CI-1		3~6	F H V O	$b=0$	
GP-BX-2		≥25	F H V O	$b=0$ $H_1\geqslant 2t^{1/2}$ $p=t-H_1-H_2$ $H_2\geqslant 2t^{1/2}$ $\alpha_1=\alpha_2=60°$	

续表

标记	坡口形状示意图	板厚（mm）	焊接位置	坡口尺寸（mm）	备注
SP-TL-1		≥14	F H	$b=0$ $H_1 \geqslant 2t^{1/2}$ $p=t-H_1$ $\alpha_1=60°$	

13.2　应用举例

本节通过节选国标图集《03G102 钢结构设计制图深度和表示方法》[5]第三章钢结构设计图的绘制,其中第二节门式刚架轻型房屋钢结构设计图示例说明——节点详图(三),举例说明常用焊缝在建筑钢结构中的应用。

节点详图(三)主要举例说明了门式刚架钢柱与屋架连接节点 $\frac{8}{39}$（图 13.4、图 13.5）和门式刚架柱脚节点 $\frac{9}{39}$（图 13.6、图 13.7）。

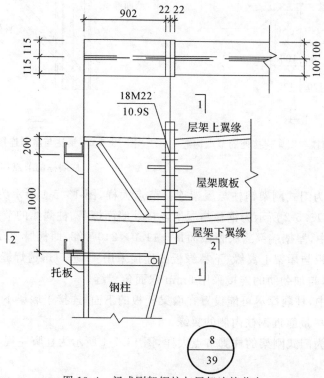

图 13.4　门式刚架钢柱与屋架连接节点

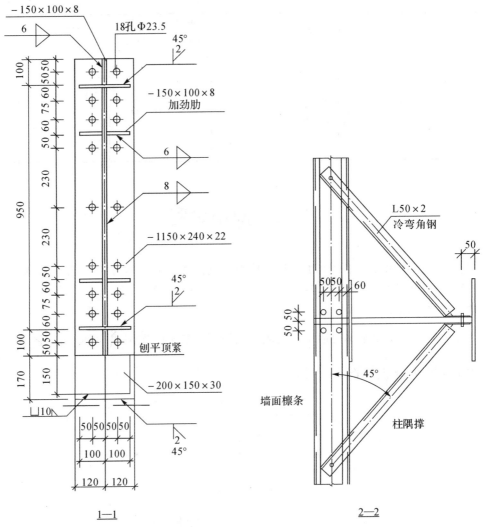

1—1

图 13.5-1 钢柱与屋架连接处的节点构造

2—2

图 13.5-2 钢柱与屋架连接处墙面檩条、
柱隔撑的节点构造

图 13.4 所示为门式刚架钢柱与屋架连接节点大样,图 13.5-1 所示为钢柱与屋架连接处的节点构造,图 13.5-2 所示为钢柱与屋架连接处墙面檩条、柱隔撑的节点构造。

在图 13.5-1 中,屋架端部封头板截面是 −1150×240×22,即板厚 22mm,板宽 240mm,板长 1150mm,该板与屋架上翼缘、下翼缘板的连接采用 45°坡口熔透焊缝,与腹板连接采用 8mm 双面角焊缝,与加劲肋的连接采用 6mm 双面角焊缝。

在图 13.5-2 中,柱隔撑尽可能设置在墙梁托板的下面,连接于墙梁下方,一般用冷弯角钢较好,与柱连接尽量靠近钢柱内侧的翼缘。

图 13.6 所示为门式刚架的柱脚节点大样,图 13.7-1 所示为柱脚左视图,图 13.7-2 所示为柱脚的平面视图。

在图 13.7-1 中,柱间隔撑与钢柱的连接采用连接板,先采用 M14 安装螺栓固定,再采用双面 5mm 的角焊缝顶紧后,现场焊接。

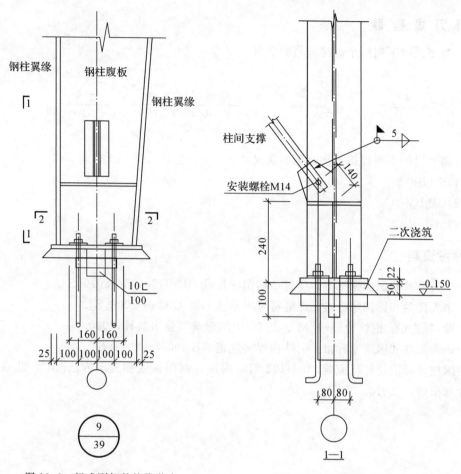

图 13.6　门式刚架的柱脚节点

图 13.7-1　柱脚左视图

在图 13.7-2 中，柱底板截面是－300×450×22，即板厚 22mm，板宽 300mm，板长 450mm，该底板与钢柱翼缘、腹板均采用 8mm 双面角焊缝进行焊接，与柱脚垫片采用 10mm 角焊缝，现场焊接。

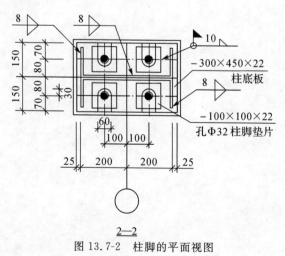

2—2

图 13.7-2　柱脚的平面视图

复习思考题

1.简要说明下列每个焊接符号的含义：

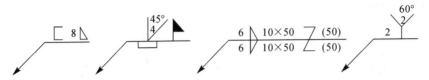

2.简要说明下列焊接接头标记的含义：

(1)SP-BK-2

(2)GP-BV-1

(3)MC-BL-2

参考资料

[1] 中华人民共和国国家标准. 建筑结构制图标准 GB/T 50105—2010[S].

[2] 中华人民共和国国家标准. 焊缝符号表示法 GB/T 324—2008[S].

[3] 姚谏,夏志斌. 钢结构原理[M]. 北京:中国建筑工业出版社,2020.

[4] 中华人民共和国国家标准. 钢结构焊接规范 GB 50661—2011[S].

[5] 中国建筑标准设计研究院. 03G102 钢结构设计制图深度和表示方法[M]. 北京:中国计划出版社,2010.

第14章　焊接安全技术

14.1　对焊接安全工作的一般要求

一、焊接作业的危险因素和有害因素

1.焊接作业的危险因素

焊接作业人员要经常与可燃易燃气体及物料、电机、电器、机械接触,有的从事作业环境不良,如狭小空间、高空或水下等。因此,焊接过程中,存在着各种危险因素,如火灾、爆炸、触电、灼伤、急性中毒、高空坠落和物体打击等。

触电是由电能转换为热能的各种焊接方法所共同具有的主要危险。

电阻焊时还存在机械损伤的危险。

在各种特殊作业环境下还有其特有的危险,如登高焊割人员具有高空坠落的危险等。

2.焊接作业的有害因素

焊接作业有两类有害因素,一类为物理有害因素,另一类为化学有害因素。

物理有害因素如明弧焊时的弧光、高频电磁波、热辐射、噪声和射线等。目前,明弧焊在焊接生产中所占比例最大。因此,物理有害因素中,当属弧光辐射最为普遍。弧光是由紫外线、强可见光和红外线组成的,其对人体健康的影响是:紫外线过度照射会引起眼角膜结膜炎——电光性眼炎,长期慢性小剂量暴露于红外线等强可见光下,可致调视机能减退而发生早期老化,紫外线过量照射皮肤,有人还会发生电光性皮炎。

化学有害因素如焊接烟尘和有害气体等。目前焊接作业中,熔焊方法应用最广,与焊接烟尘接触的人员最多,它是最大的有害因素。长期吸入高浓度的焊接烟尘,可导致在肺部积蓄,引起焊工尘肺。尘肺是肺组织纤维化的一种病变,严重时可发生胸闷、气短、咳嗽、咳痰,肺活量降低,晚期症状加重。

当进行电弧焊、等离子弧焊时,产生的有害气体不可忽视,主要有害气体是臭氧,臭氧是一种浅蓝色气体,具有强烈的刺激性腥臭味,是极强的氧化剂,容易同各种物质发生化学反应,如使棉织物老化变性。当人体吸入臭氧后,主要刺激呼吸系统和神经系统,引起胸闷、咳嗽、头昏、全身无力和食欲缺乏症状,严重时可发生肺水肿与支气管炎。

其他有害气体还有氮氧化物、一氧化碳、氟化氢等。氟化氢(HF)是剧毒性气体,可由呼吸道和皮肤吸收产生毒性作用,会诱发支气管炎和肺炎。氟化氢主要是药皮中含有萤石的

碱性焊条焊接时产生的。

二、对焊接安全工作的一般要求

1. 焊接车间内,必须配备防火设备,如消防栓、砂箱和灭火器等。

2. 凡是从事焊接的车间、工段和班组,必须加强安全教育,落实措施,并应组织有关人员定期对安全工作进行检查。

3. 焊接操作人员应严格遵守安全制度。如焊接时,必须穿工作服、戴工作帽和防护口罩、穿工作鞋、戴防护面罩和防护手套等,且工作服不能束在裤腰里,并扣好纽扣等。

4. 高空作业时,必须佩戴安全带,并遵守高空作业有关规定。

5. 在夏季高温季节,必须注意降温,防止中暑。

6. 在焊接工作结束后,要仔细检查焊接场地周围,确认没有事故苗子后,才可离开现场。

三、焊工应遵守的十不焊原则

1. 不是焊工不能焊接(无证焊工不能单独操作)。

2. 不了解焊、割地点及周围情况,不能焊接和切割。

3. 重点要害部门及重要场地未经消防部门、安全部门批准,未办理三级审批手续,不能焊接。

4. 不了解焊、割件内部是否有易燃易爆危险的,不能焊接。

5. 盛放过易燃易爆气体或液体的容器,未经彻底清洗,不能焊接。

6. 用可燃材料作保护层、隔音、隔热的部位,未采取安全措施的,不能焊接。

7. 有压力或密闭的导管、容器,不能施焊。

8. 在禁火区内,未经消防、安全部门批准,不能施焊。

9. 附近有易燃易爆物品,在未清理和未采取有效措施之前,不能焊接。

10. 附近有与明火作业相抵触的工种作业,不能焊接。

14.2 预防触电的安全技术

电流通过人体,会对人产生程度不同的伤害,当电流超过 0.05A 时,人就有生命危险。0.1A 电流通过人体一秒钟就足以使人致命。在焊接过程中,所用的设备大都采用 380V 或 220V 网路电压,空载电压一般也在 60V 以上。所以焊工首先要防止触电,特别是在阴雨天或潮湿的地方工作,更要注意防护。预防触电的措施如下:

1. 焊接中,使用的各种焊接电源设备,如直流焊机、硅整流、晶闸管焊机、交流电焊机等,其机壳的接地必须良好。

2. 焊接设备的安装、修理和检查必须由电工进行。焊机在使用中发生故障,焊工应立即切断电源,通知电工检查修理,焊工不得随意拆修焊接设备。

3. 焊工推拉闸刀时,头部不要正对电闸,防止因短路造成的电弧火花烧伤面部,必要时应戴绝缘手套。

4. 电焊钳应有可靠的绝缘,在锅炉或容器内焊接时,不许用简易的无绝缘的焊钳,防止焊钳与焊件发生短路,烧毁电焊机或发生其他意外。焊接完毕后,电焊钳要放在可靠的地方,再切断电源,电焊钳的握柄必须是由电木、橡胶、塑料等绝缘材料制成。

5.在箱形柱、锅炉、容器内焊接或在其他狭小的工作场地焊接时,焊工可采用绝缘衬垫(橡胶垫)来保证焊工与焊接件的绝缘,一般焊工要穿干燥的胶底鞋或橡胶绝缘鞋进行工作,并应安排两人轮换工作,以便互相照应。

6.焊接电缆必须绝缘良好,不要把电缆放在电弧附近或炽热的焊缝上,防止高温损坏绝缘层。电缆要避免碰撞磨损,防止破皮,有破损的地方,应立即用电工胶布包扎好或更换。

7.更换焊条时,要戴好防护手套。夏天因天热出汗,工作服潮湿时,注意不要靠在钢板上,避免触电。

8.在箱形柱、容器、锅炉内焊接,在管道地沟中焊接时,要使用安全的工作行灯,电压不应超过 36V。

9.工作中当有人触电时,不要赤手接触触电者,应迅速切断电源。如触电者已处于昏迷状态,要立即施行人工呼吸,并尽快送医院进行抢救。

10.焊工要熟悉和掌握有关电的基本知识和预防触电及触电后急救方法等知识,严格遵守有关部门制定的安全措施,防止和杜绝触电事故的发生。

14.3　预防电弧光和烫伤伤害及防止火灾

一、预防电弧光的伤害

焊接电弧产生的紫外线对焊工的眼睛和皮肤具有较大的刺激,稍不注意就容易引起电光性眼炎和皮肤灼伤。预防弧光伤害应采取以下措施。

1.焊工必须使用带有电焊防护弧光玻璃的面罩。面罩要轻便、形状合适、不导电导热、不透光。防护玻璃号码应按个人的视力情况及使用的电流值大小进行选择,尽可能选用颜色深一点的玻璃。

2.焊接时,焊工要穿白色帆布工作服,扣好纽扣,防止强烈的弧光灼伤皮肤。特别是夏天,应防止因为不穿内衣,弧光从扣子间缝隙穿入,引起皮肤灼伤。

3.电焊引弧时,要注意周围的工人,防止弧光伤害别人的眼睛。装配定位焊时,装配工和焊工要很好配合,并戴防护镜,防止弧光灼伤。在人多的地方焊接,应使用屏风板,挡住弧光。

4.焊工或其他人员发生电光性眼炎,可用冷敷减轻疼痛,并请医生诊治。注意休息,一般很快就会痊愈。

二、防止烫伤及防止火灾

焊接时,由于焊接金属的飞溅极易引起烫伤,飞溅金属和乱扔焊条头也容易引起火灾,这是焊工必须十分重视的。一般要采取以下措施来预防。

1.焊工进行工作时,应按劳动部门的有关规定使用劳动保护用品。穿工作服、戴工作帽和皮手套、戴口罩,脚部应有鞋盖或穿工作皮鞋。工作服及手套不应有烧穿的破洞,如有破洞,应立即补好或更换,防止火花溅进并引起烫伤。

2.长时间进行仰焊时,应穿皮上衣或戴皮套袖,焊接时不能将工作服束在裤腰内,裤脚管不能卷边,不要束在鞋里,防止金属飞溅兜住,造成灼伤。

3.禁止在储存有易燃、易爆物品的房间和场地、容器上焊接。在可燃物品附近焊接,应在 5m 以外进行,并要有防火材料遮挡。

4.露天进行焊接时,必须采取防风措施,当风力过大时,不宜在露天焊接,如必须进行作业,必须取得消防、安全部门的同意。

5.焊工在高空作业时,应仔细观察焊接处下面有无人员和易燃物,防止金属飞溅造成下面人员烫伤或发生火灾。由焊接金属飞溅引起的火灾,每年都有不少,焊工一定要引以为鉴,切切不可健忘。

14.4　防止爆炸中毒及其他伤害

1.严禁在有压力的容器上焊接。距离焊接处 5m 以内,不要放置易爆物品。

2.焊接带油的容器和管道,必须将油放干,并用碱水冲洗,要将封口旋开施焊。焊接时,操作者要远离封口处,防止容器内油脂蒸发燃烧,造成烫伤或其他事故。

3.焊接工作场地应设置良好的通风设备。在箱形栓、锅炉、容器内焊接,应配置抽风机,以更换其内部的空气,防止焊工中毒、烟气浓度过高或由于高温而昏倒在容器内。

4.搬动焊件时,要小心谨慎,防止由于摔、跌、碰、撞、砸造成人身事故。同时要戴好手套,防止焊件毛刺及棱角划伤皮肤。

5.清除焊渣及铁锈、毛刺、飞溅物时,应戴好手套和保护眼镜,并注意周围工作的人,防止热烫的渣壳或飞溅物飞出,造成自己和他人受到伤害。

6.焊工在拖拉焊接电缆时,要注意周围的环境条件,不要用力过猛,拉倒物体和别人或摔伤自己,发生意外事故。

7.焊工到钢架梁或容器上面工作,需用木梯子,尽可能不用钢梯子,因为钢梯子滑,容易引起摔伤事故。不得已时,应固定牢靠。电缆要扎在固定物上,切勿背在肩上。5m 以上高空作业,要系安全带,必要时,焊接处要用钢栏围起来。焊工用的焊条、清渣锤、钢丝刷、面罩要妥善安放,防止掉下伤人。

8.夏天工作时,焊工要防止中暑。工作场地在露天时,应搭防雨棚或临时凉棚。工厂应根据需要供应茶水或盐汽水等饮料。在自然通风不良时,应设有机械通风设备。

9.氩弧焊时,弧光紫外线比手弧焊强 5～10 倍,焊接时一定要戴好工作面罩,黑玻璃四周不能漏光。

10.氩弧焊过程中,还会产生臭氧、氮氧化物及金属烟尘,其电极还有微量放射性,引弧时还有高频磁场,因此,应采取相应防护措施。引弧后要及时切断高频,工作场地要有良好的自然通风或装有固定的机械通风设备。焊工应佩戴专用口罩,防止臭氧等气体及金属烟尘的危害。其电极的微量放射性,一般规范下,对人体影响不大,大规范时,应加强通风,装吸尘装置,采用专用面罩,要戴手套和口罩,并注意工作后洗手。定期检查身体,预防和减少对人体的有害影响。

复习思考题

14.1 焊接时,对人体有害的因素有哪些?

14.2 焊接时,焊接安全的一般要求有哪些?

14.3 焊接时,如何防止触电?

14.4 防止爆炸和中毒的措施有哪些?

参考资料

[1] 中国机械工程学会焊接学会. 焊接手册 第 3 卷 焊接结构[M]. 3 版. 北京:机械工业出版社,2008.

附录　热轧型钢规格及截面特性

附表 1　热轧等边角钢的规格及截面特性
（按 GB/T 706—2008 计算）

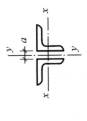

1. 表中双线的左侧为一个角钢的截面特性；
2. 趾尖圆弧半径 $r_1 \approx t/3$；
3. $I_u = Ai_u^2,\ I_v = Ai_v^2$。

规格	尺寸(mm) b	t	r	截面积 A (cm²)	重量 (kg/m)	重心距 y₀ (cm)	惯性矩 Ix (cm⁴)	截面模量 (cm³) Wxmax	Wxmin	Wu	回转半径 (cm) ix	iu	iv	双角钢回转半径 iy (cm) 当间距 a (mm) 为 6	8	10	12	14	16
∠45×3	45	3	5	2.659	2.088	1.22	5.17	4.23	1.58	2.58	1.40	1.76	0.89	2.07	2.14	2.22	2.30	2.38	2.46
4		4		3.486	2.736	1.26	6.65	5.28	2.05	3.32	1.38	1.74	0.89	2.08	2.16	2.24	2.32	2.40	2.48
5		5		4.292	3.369	1.30	8.04	6.18	2.51	4.00	1.37	1.72	0.88	2.11	2.18	2.26	2.34	2.42	2.51
6		6		5.076	3.985	1.33	9.33	7.02	2.95	4.64	1.36	1.70	0.88	2.12	2.20	2.28	2.36	2.44	2.53

续表

规格	b	t	r	截面积 A (cm²)	重量 (kg/m)	重心距 y₀ (cm)	惯性矩 I_x (cm⁴)	截面模量 (cm³) W_{xmax}	W_{xmin}	W_u	回转半径 (cm) i_x	i_u	i_v	双角钢回转半径 i_y (cm) 当间距 a(mm)为 6	8	10	12	14	16
∠50×3	50	3	5.5	2.971	2.332	1.34	7.18	5.36	1.96	3.22	1.55	1.96	1.00	2.26	2.33	2.41	2.48	2.56	2.64
4		4		3.897	3.059	1.38	9.26	6.71	2.56	4.16	1.54	1.94	0.99	2.28	2.35	2.43	2.51	2.59	2.67
5		5		4.803	3.770	1.42	11.21	7.89	3.13	5.03	1.53	1.92	0.98	2.30	2.38	2.46	2.53	2.61	2.70
6		6		5.688	4.465	1.46	13.05	8.94	3.68	5.85	1.52	1.91	0.98	2.33	2.40	2.48	2.56	2.64	2.72
∠56×3	56	3	6	3.343	2.624	1.48	10.19	6.89	2.48	4.08	1.75	2.20	1.13	2.50	2.57	2.64	2.72	2.80	2.87
4		4		4.390	3.446	1.53	13.18	8.61	3.24	5.28	1.73	2.18	1.11	2.52	2.59	2.67	2.74	2.82	2.90
5		5		5.415	4.251	1.57	16.02	10.20	3.97	6.42	1.72	2.17	1.10	2.54	2.62	2.69	2.77	2.85	2.93
8		8		8.367	6.568	1.68	23.63	14.07	6.03	9.44	1.68	2.11	1.09	2.60	2.67	2.75	2.83	2.91	3.00
∠63×3	63	3	7	4.978	3.907	1.70	19.03	11.19	4.13	6.78	1.96	2.46	1.26	2.80	2.87	2.95	3.02	3.10	3.18
5		5		6.143	4.822	1.74	23.17	13.32	5.08	8.25	1.94	2.45	1.25	2.82	2.89	2.96	3.04	3.12	3.20
6		6		7.288	5.721	1.78	27.12	15.24	6.00	9.66	1.93	2.43	1.24	2.84	2.91	2.99	3.06	3.14	3.22
8		8		9.515	7.469	1.85	34.46	18.63	7.75	12.25	1.90	2.40	1.23	2.87	2.94	3.02	3.10	3.18	3.26
10		10		11.657	9.151	1.93	41.09	21.29	9.39	14.56	1.88	2.36	1.22	2.92	2.99	3.07	3.15	3.23	3.31
∠70×4	70	4	8	5.570	4.372	1.86	26.39	14.19	5.14	8.44	2.18	2.74	1.40	3.07	3.14	3.21	3.29	3.36	3.44
5		5		6.875	5.397	1.91	32.21	16.88	6.32	10.32	2.16	2.73	1.39	3.09	3.16	3.24	3.31	3.39	3.47
6		6		8.160	6.406	1.95	37.77	19.37	7.48	12.11	2.15	2.71	1.38	3.11	3.19	3.26	3.34	3.41	3.49
7		7		9.424	7.398	1.99	43.09	21.65	8.59	13.81	2.14	2.69	1.38	3.13	3.21	3.28	3.36	3.44	3.52
8		8		10.667	8.373	2.03	48.17	23.73	9.68	15.43	2.12	2.68	1.37	3.15	3.22	3.30	3.38	3.46	3.54

续表

规格	b	t	r	A (cm²)	重量 (kg/m)	y_0 (cm)	I_x (cm⁴)	W_{xmax}	W_{xmin}	W_u	i_x	i_u	i_v	6	8	10	12	14	16
				截面积		重心距	惯性矩	截面模量 (cm³)			回转半径 (cm)			双角钢回转半径 i_y (cm) 当间距 a(mm)为					
∠75×5	75	5	9	7.412	5.818	2.04	39.97	19.59	7.32	11.94	2.33	2.92	1.50	3.30	3.37	3.45	3.52	3.60	3.67
6		6		8.797	6.905	2.07	46.95	22.68	8.64	14.02	2.31	2.90	1.49	3.31	3.38	3.46	3.53	3.61	3.68
7		7		10.160	7.976	2.11	53.57	25.39	9.93	16.02	2.30	2.89	1.48	3.33	3.40	3.48	3.55	3.63	3.71
8		8		11.503	9.030	2.15	59.96	27.89	11.20	17.93	2.28	2.88	1.47	3.35	3.42	3.50	3.57	3.65	3.73
10		10		14.126	11.089	2.22	71.98	32.42	13.64	21.48	2.26	2.84	1.46	3.38	3.46	3.54	3.61	3.69	3.77
∠80×5	80	5	9	7.912	6.211	2.15	48.79	22.69	8.34	13.67	2.48	3.13	1.60	3.49	3.56	3.63	3.70	3.78	3.85
6		6		9.397	7.376	2.19	57.35	26.19	9.87	16.08	2.47	3.11	1.59	3.51	3.58	3.65	3.73	3.80	3.88
7		7		10.860	8.525	2.23	65.58	29.41	11.37	18.40	2.46	3.10	1.58	3.53	3.60	3.67	3.75	3.83	3.90
8		8		12.303	9.658	2.27	73.49	32.37	12.83	20.61	2.44	3.08	1.57	3.54	3.62	3.69	3.77	3.84	3.92
10		10		15.126	11.874	2.35	88.43	37.63	15.64	24.76	2.42	3.04	1.56	3.59	3.66	3.74	3.82	3.89	3.97
∠90×6	90	6	10	10.637	8.350	2.44	82.77	33.92	12.61	20.63	2.79	3.51	1.80	3.91	3.98	4.05	4.13	4.20	4.28
7		7		12.301	9.656	2.48	94.83	38.24	14.54	23.64	2.78	3.50	1.78	3.93	4.00	4.08	4.15	4.22	4.30
8		8		13.944	10.946	2.52	106.47	42.25	16.42	26.55	2.76	3.48	1.78	3.95	4.02	4.09	4.17	4.24	4.32
10		10		17.167	13.476	2.59	128.58	49.64	20.07	32.04	2.74	3.45	1.76	3.98	4.06	4.13	4.21	4.28	4.36
12		12		20.306	15.940	2.67	149.22	55.89	23.57	37.12	2.71	3.41	1.75	4.02	4.09	4.17	4.25	4.32	4.40

续表

规格	尺寸(mm) b	t	r	截面积 A(cm²)	重量(kg/m)	重心距 y₀(cm)	惯性矩 Iₓ(cm⁴)	截面模量(cm³) W_{xmax}	W_{xmin}	W_u	回转半径(cm) i_x	i_u	i_v	双角钢回转半径 i_y(cm) 当间距 a(mm)为 6	8	10	12	14	16
∠100×6	100	6	12	11.932	9.366	2.67	114.95	43.05	15.68	25.74	3.10	3.90	2.00	4.29	4.36	4.43	4.51	4.58	4.65
7		7		13.796	10.830	2.71	131.86	48.66	18.10	29.55	3.09	3.89	1.99	4.31	4.38	4.46	4.53	4.60	4.68
8		8		15.638	12.276	2.76	148.24	53.71	20.47	33.24	3.08	3.88	1.98	4.34	4.41	4.48	4.56	4.63	4.71
10		10		19.261	15.120	2.84	179.51	63.21	25.06	40.26	3.05	3.84	1.96	4.38	4.45	4.52	4.60	4.67	4.75
12		12		22.800	17.898	2.91	208.90	71.79	29.48	46.80	3.03	3.81	1.95	4.41	4.49	4.56	4.64	4.71	4.79
14		14		26.256	20.611	2.99	236.53	79.11	33.73	52.90	3.00	3.77	1.94	4.45	4.53	4.60	4.68	4.76	4.83
16		16		29.627	23.257	3.06	262.53	85.79	37.82	58.57	2.98	3.74	1.94	4.49	4.57	4.64	4.72	4.80	4.88
∠110×7	110	7	12	15.196	11.928	2.96	177.16	59.85	22.05	36.12	3.41	4.30	2.20	4.72	4.79	4.86	4.93	5.00	5.08
8		8		17.238	13.532	3.01	199.46	66.27	24.95	40.69	3.40	4.28	2.19	4.75	4.82	4.89	4.96	5.03	5.11
10		10		21.261	16.690	3.09	242.19	78.38	30.60	49.42	3.38	4.25	2.17	4.79	4.86	4.93	5.00	5.08	5.15
12		12		25.200	19.782	3.16	282.55	89.41	36.05	57.62	3.35	4.22	2.15	4.82	4.89	4.96	5.04	5.11	5.19
14		14		29.056	22.809	3.24	320.71	98.98	41.31	65.31	3.32	4.18	2.14	4.85	4.93	5.00	5.08	5.15	5.23
∠125×8	125	8	14	19.750	15.504	3.37	297.03	88.14	32.52	53.28	3.88	4.88	2.50	5.34	5.41	5.48	5.55	5.62	5.70
10		10		24.373	19.133	3.45	361.67	104.83	39.97	64.93	3.85	4.85	2.48	5.37	5.44	5.52	5.59	5.66	5.73
12		12		28.912	22.696	3.53	423.16	119.88	47.17①	75.96	3.83	4.82	2.46	5.42	5.49	5.56	5.63	5.71	5.78
14		14		33.367	26.193	3.61	481.65	133.42	54.16	86.41	3.80	4.78	2.45	5.45	5.52	5.60	5.67	5.75	5.82

续表

规格	尺寸 (mm) b	t	r	截面积 A (cm²)	重量 (kg/m)	重心距 y₀ (cm)	惯性矩 Ix (cm⁴)	截面模量 (cm³) Wxmax	Wxmin	Wu	回转半径 (cm) ix	iu	iv	双角钢回转半径 iy (cm) 当间距 a(mm)为 6	8	10	12	14	16
∠140×10	140	10	14	27.373	21.488	3.82	514.65	134.73	50.58	82.56	4.34	5.46	2.78	5.98	6.05	6.12	6.19	6.27	6.34
12		12		32.512	25.522	3.90	603.68	154.79	59.80	96.85	4.31	5.43	2.77	6.02	6.09	6.16	6.23	6.30	6.38
14		14		37.567	29.490	3.98	688.81	173.07	68.75	110.47	4.28	5.40	2.75	6.05	6.12	6.20	6.27	6.34	6.42
16		16		42.539	33.393	4.06	770.24	189.71	77.46	123.42	4.26	5.36	2.74	6.10	6.17	6.24	6.31	6.39	6.46
∠160×10	160	10	16	31.502	24.729	4.31	779.53	180.87	66.70	109.36	4.98	6.27	3.20	6.79	6.85	6.92	6.99	7.06	7.14
12		12		37.441	29.391	4.39	916.58	208.79	78.98	128.67	4.95	6.24	3.18	6.82	6.89	6.96	7.03	7.10	7.17
14		14		43.296	33.987	4.47	1048.36	234.53	90.95	147.17	4.92	6.20	3.16	6.85	6.92	6.99	7.06	7.14	7.21
16		16		49.067	38.518	4.55	1175.08	258.26	102.63	164.89	4.89	6.17	3.14	6.89	6.96	7.03	7.10	7.17	7.25
∠180×12	180	12	16	42.241	33.159	4.89	1321.35	270.21	100.82	165.00	5.59	7.05	3.58	7.63	7.70	7.77	7.84	7.91	7.98
14		14		48.895	38.383	4.97	1514.48	304.72	116.25	189.14	5.56	7.02	3.56	7.66	7.73	7.80	7.87	7.94	8.01
16		16		55.467	43.542	5.05	1700.99	336.83	131.35①	212.40	5.54	6.98	3.55	7.70	7.77	7.84	7.91	7.98	8.06
18		18		61.955	48.635	5.13	1875.12	365.52	145.64	234.78	5.50	6.94	3.51	7.73	7.80	7.87	7.94	8.01	8.09
∠200×14	200	14	18	54.642	42.894	5.46	2103.55	385.27	144.70	236.40	6.20	7.82	3.98	8.46	8.53	8.60	8.67	8.74	8.81
16		16		62.013	48.680	5.54	2366.15	427.10	163.65	265.93	6.18	7.79	3.96	8.50	8.57	8.64	8.71	8.78	8.85
18		18		69.301	54.401	5.62	2620.64	466.31	182.22	294.48	6.15	7.75	3.94	8.54	8.61	8.68	8.75	8.82	8.89
20		20		76.505	60.056	5.69	2867.30	503.92	200.42	322.06	6.12	7.72	3.93	8.56	8.63	8.70	8.78	8.85	8.92
24		24		90.661	71.168	5.87	3338.25	568.70	236.17	374.41	6.07	7.64	3.90	8.66	8.73	8.80	8.87	8.94	9.02

注：①疑 GB/T 706—2008 所给数值有误，表中该 W_{xmin} 值是按 GB9787—88 中所给相应的 I_x、b 和 y_0 计算求得（$W_{xmin} = \dfrac{I_x}{b - y_0}$），供参考。

②角钢的通常长度为 4000mm～19000m，根据需方要求也可供应其他长度的产品。

附表 2 热轧不等边角钢的规格及截面特性

（按 GB/T 706—2008 计算）

1. 趾尖圆弧半径 $r_1 \approx t/3$；
2. $I_u = I_x + I_y - I_{vo}$。

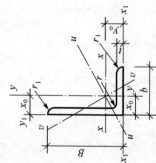

规格	尺寸 (mm)				截面积 A (cm²)	重量 (kg/m)	重心距 (cm)		惯性矩 (cm⁴)			截面模量 (cm³)				回转半径 (cm)			tanθ (θ 为 v 轴与 v 轴的夹角)
	B	b	t	r			x_0	y_0	I_x	I_y	I_v	W_{xmax}	W_{xmin}	W_{ymax}	W_{ymin}	i_x	i_y	i_v	
∠56×36×	56	36	3	6	2.743	2.153	0.80	1.78	8.88	2.92	1.73	4.99	2.32	3.65	1.05	1.80	1.03	0.79	0.408
			4		3.590	2.818	0.85	1.82	11.45	3.76	2.23	6.29	3.03	4.42	1.37	1.79	1.02	0.79	0.408
			5		4.415	3.466	0.88	1.87	13.86	4.49	3.67	7.41	3.71	5.10	1.65	1.77	1.01	0.78	0.404
∠63×40×	63	40	4	7	4.058	3.185	0.92	2.04	16.49	5.23	3.12	8.08	3.87	5.68	1.70	2.02	1.14	0.88	0.398
			5		4.993	3.920	0.95	2.08	20.02	6.31	3.76	9.62	4.74	6.64	2.07①	2.00	1.12	0.87	0.396
			6		5.908	4.638	0.99	2.12	23.36	7.29	4.34	11.02	5.59	7.36	2.43	1.99①	1.11	0.86	0.393
			7		6.802	5.339	1.03	2.15	26.53	8.24	4.97	12.34	6.40	8.00	2.78	1.98	1.10	0.86	0.389
∠70×45×	70	45	4	7.5	4.547	3.570	1.02	2.24	23.17	7.55	4.40	10.34	4.86	7.40	2.17	2.26	1.29	0.98	0.410
			5		5.609	4.403	1.06	2.28	27.95	9.13	5.40	12.26	5.92	8.61	2.65	2.23	1.28	0.98	0.407
			6		6.647	5.218	1.09	2.32	32.54	10.62	6.35	14.03	6.95	9.74	3.12	2.21	1.26	0.98	0.404
			7		7.657	6.011	1.13	2.36	37.22	12.01	7.16	15.77	8.03	10.63	3.57	2.20	1.25	0.97	0.402

续表

规格	B	b	t	r	截面积 A (cm²)	重量 (kg/m)	x_0 (cm)	y_0 (cm)	I_x (cm⁴)	I_y (cm⁴)	I_v (cm⁴)	$W_{x\max}$ (cm³)	$W_{x\min}$ (cm³)	$W_{y\max}$ (cm³)	$W_{y\min}$ (cm³)	i_x (cm)	i_y (cm)	i_v (cm)	$\tan\theta$ (θ为v轴与y轴的夹角)
∠75×50×5	75	50	5	8	6.125	4.808	1.17	2.40	34.86	12.61	7.41	14.53	6.83	10.78	3.30	2.39	1.44	1.10	0.435
∠75×50×6	75	50	6	8	7.260	5.699	1.21	2.44	41.12	14.70	8.54	16.85	8.12	12.15	3.88	2.38	1.42	1.08	0.435
∠75×50×7	75	50	7	8	9.467	7.431	1.29	2.52	52.39	18.53	10.87	20.79	10.52	14.36	4.99	2.35	1.40	1.07	0.429
∠75×50×8	75	50	8	8	11.590	9.098	1.36	2.60	62.71	21.96	13.10	24.12	12.79	16.15	6.04	2.33	1.38	1.06	0.423
∠80×50×5	80	50	5	8	6.375	5.005	1.14	2.60	41.96	12.82	7.66	16.14	7.78	11.25	3.32	2.56	1.42	1.10	0.388
∠80×50×6	80	50	6	8	7.560	5.935	1.18	2.65	49.49	14.95	8.85	18.68	9.25	12.67	3.91	2.56	1.41	1.08	0.387
∠80×50×7	80	50	7	8	8.724	6.848	1.21	2.69	56.16	16.96	10.18	20.88	10.58	14.02	4.48	2.54	1.39	1.08	0.384
∠80×50×8	80	50	8	8	9.867	7.745	1.25	2.73	62.83	18.85	11.38	23.01	11.92	15.08	5.03	2.52	1.38	1.07	0.381
∠90×56×5	90	56	5	9	7.212	5.661	1.25	2.91	60.45	18.33	10.98	20.77	9.92	14.66	4.21	2.90	1.59	1.23	0.385
∠90×56×6	90	56	6	9	8.557	6.717	1.29	2.95	71.03	21.42	12.90	24.08	11.74	16.60	4.96	2.88	1.58	1.23	0.384
∠90×56×7	90	56	7	9	9.880	7.756	1.33	3.00	81.01	24.36	14.67	27.00	13.49	18.32	5.70	2.86	1.57	1.22	0.382
∠90×56×8	90	56	8	9	11.183	8.779	1.36	3.04	91.03	27.15	16.34	29.94	15.27	19.96	6.41	2.85	1.56	1.21	0.380
∠100×63×6	100	63	6	10	9.617	7.550	1.43	3.24	99.06	30.94	18.42	30.57	14.64	21.64	6.35	3.21	1.79	1.38	0.394
∠100×63×7	100	63	7	10	11.111	8.722	1.47	3.28	113.45	35.26	21.00	34.59	16.88	23.99	7.29	3.20	1.78	1.38	0.394
∠100×63×8	100	63	8	10	12.584	9.878	1.50	3.32	127.37	39.39	23.50	38.36	19.08	26.26	8.21	3.18	1.77	1.37	0.391
∠100×63×10	100	63	10	10	15.467	12.142	1.58	3.40	153.81	47.12	28.33	45.24	23.32	29.82	9.98	3.15	1.74	1.35	0.387

续表

规格	B	b	t	r	截面积 (cm²) A	重量 (kg/m)	重心距 (cm) x₀	重心距 (cm) y₀	惯性矩 (cm⁴) I_x	I_y	I_v	截面模量 (cm³) W_{xmax}	W_{xmin}	W_{ymax}	W_{ymin}	回转半径 (cm) i_x	i_y	i_v	tanθ (θ为v轴与y轴的夹角)
∠100×80×	100	80	6	10	10.637	8.350	1.97	2.95	107.04	61.24	31.65	36.28	15.19	31.09	10.16	3.17	2.40	1.72	0.627
			7		12.301	9.656	2.01	3.00	122.73	70.08	36.17	40.91	17.52	34.87	11.71	3.16	2.39	1.72	0.626
			8		13.944	10.946	2.05	3.04	137.92	78.58	40.58	45.37	19.81	38.33	13.21	3.14	2.37	1.71	0.625
			10		17.167	13.476	2.13	3.12	166.87	94.65	49.10	53.48	24.24	44.44	16.12	3.12	2.35	1.69	0.622
∠110×70×	110	70	6	10	10.637	8.350	1.57	3.53	133.37	42.92	25.36	37.78	17.85	27.34	7.90	3.54	2.01	1.54	0.403
			7		12.301	9.656	1.61	3.57	153.00	49.01	28.95	42.86	20.60	30.44	9.09	3.53	2.00	1.53	0.402
			8		13.944	10.946	1.65	3.62	172.04	54.87	32.45	47.52	23.30	33.25	10.25	3.51	1.98	1.53	0.401
			10		17.167	13.476	1.72	3.70	208.39	65.88	39.20	56.32	28.54	38.30	12.48	3.48	1.96	1.51	0.397
∠125×80×	125	80	7	11	14.096	11.066	1.80	4.01	227.98	74.42	43.81	56.85	26.86	41.34	12.01	4.02	2.30	1.76	0.408
			8		15.989	12.551	1.84	4.06	256.77	83.49	49.15	63.24	30.41	45.38	13.56	4.01	2.28	1.75	0.407
			10		19.712	15.474	1.92	4.14	312.04	100.67	59.45	75.37	37.33	52.43	16.56	3.98	2.26	1.74	0.404
			12		23.351	18.330	2.00	4.22	364.41	116.67	69.35	86.35	44.01	58.34	19.43	3.95	2.24	1.72	0.400
∠140×90×	140	90	8	12	18.038	14.160	2.04	4.50	365.64	120.69	70.83	81.25	38.48	59.16	17.34	4.50	2.59	1.98	0.411
			10		22.261	17.475	2.12	4.58	445.50	146.03	85.82	97.27	47.31	68.88	21.22	4.47	2.56	1.96	0.409
			12		26.400	20.724	2.19	4.66	521.59	169.79	100.21	111.93	55.87	77.53	24.95	4.44	2.54	1.95	0.406
			14		30.456	23.908	2.27	4.74	594.10	192.10	114.13	125.34	64.18	84.63	28.54	4.42	2.51	1.94	0.403

续表

| 规格 | 尺寸（mm） | | | | 截面积（cm²）A | 重量（kg/m） | 重心距（cm） | | 惯性矩（cm⁴） | | | 截面模量（cm³） | | | | 回转半径（cm） | | | $\tan\theta$（θ 为 y 轴与 v 轴的夹角） |
	B	b	t	r			x_0	y_0	I_x	I_y	I_v	W_{xmax}	W_{xmin}	W_{ymax}	W_{ymin}	i_x	i_y	i_v	
∠160×100×	160	100	10	13	25.315	19.872	2.28	5.24	668.69	205.03	121.74	127.61	62.13	89.93	26.56	5.14	2.85	2.19	0.390
			12		30.054	23.592	2.36	5.32	784.91	239.06	142.33	147.54	73.49	101.30	31.28	5.11	2.82	2.17	0.388
			14	14	34.709	27.247	2.43	5.40	896.30	271.20	162.23	165.98	84.56	111.60	35.83	5.08	2.80	2.16	0.385
			16		39.281	30.835	2.51	5.48	1003.04	301.60	182.57	183.04	95.33	120.16	40.24	5.05	2.77	2.16	0.382
∠180×110×	180	110	10		28.373	22.273	2.44	5.89	956.25	278.11	166.50	162.35	78.96	113.98	32.49	5.80	3.13	2.42	0.376
			12	14	33.712	26.464	2.52	5.98	1124.72	325.03	194.87	188.08	93.53	128.98	38.32	5.78	3.10	2.40	0.374
			14		38.967	30.589	2.59	6.06	1286.91	369.55	222.30	212.36	107.76	142.68	43.97	5.75	3.08	2.39	0.372
			16		44.139	34.649	2.67	6.14	1443.06	411.85	248.94	235.03	121.64	154.25	49.44	5.72	3.06	2.38	0.369
∠200×125×	200	125	12		37.912	29.761	2.83	6.54	1570.90	483.16	285.79	240.20	116.73	170.73	49.99	6.44	3.57	2.74	0.392
			14	14	43.867	34.436	2.91	6.62	1800.97	550.83	326.58	272.05	134.65	189.29	57.44	6.41	3.54	2.73	0.390
			16		49.739	39.045	2.99	6.70	2023.35	615.44	366.21	301.99	152.18	205.83	64.69	6.38	3.52	2.71	0.388
			18		55.526	43.588	3.06	6.78	2238.30	677.19	404.83	330.13	169.33	221.30	71.74	6.35	3.49	2.70	0.385

注：①疑 GB/T 706—2008 所给数值有误，表中该 i_x 值为改正值，供参考。
②角钢的通常长度为 4000～19000m，根据需方要求也可供应其他长度的产品。

附表3 两个热轧不等边角钢的组合截面特性
(按 GB/T 706—2008 计算)

y_0—重心距；I—惯性矩；W—截面模量；i—回转半径；a—两角钢背间距离

规格	厚度	截面面积 A(cm²)	每米重量(kg/m)	y_0(cm)	I_x(cm⁴)	W_{xmax}(cm³)	W_{xmin}(cm³)	i_x(cm)	i_y(cm) a=6	i_y a=8	i_y a=10	i_y a=12	i_y a=14	i_y a=16	y_0(cm)	I_x(cm⁴)	W_{xmax}(cm³)	W_{xmin}(cm³)	i_x(cm)	i_y(cm) a=6	i_y a=8	i_y a=10	i_y a=12	i_y a=14	i_y a=16
2∠56×36×	3	5.486	4.306	1.78	17.76	9.98	4.64	1.80	1.51	1.58	1.66	1.74	1.82	1.90	0.80	5.84	7.30	2.10	1.03	2.75	2.83	2.90	2.98	3.06	3.15
	4	7.180	5.636	1.82	22.90	12.58	6.06	1.79	1.54	1.61	1.69	1.77	1.86	1.94	0.85	7.52	8.44	2.74	1.02	2.77	2.85	2.93	3.01	3.09	3.17
	5	8.830	6.932	1.87	27.72	14.82	7.42	1.77	1.55	1.63	1.71	1.79	1.88	1.96	0.88	8.98	10.20	3.30	1.01	2.80	2.88	2.96	3.04	3.12	3.20
2∠63×40×	4	8.116	6.370	2.04	32.98	16.16	7.74	2.02	1.67	1.74	1.82	1.90	1.98	2.06	0.92	10.46	11.36	3.40	1.14	3.09	3.17	3.25	3.32	3.40	3.49
	5	9.986	7.840	2.08	40.04	19.24	9.48	2.00	1.68	1.75	1.83	1.91	1.99	2.08	0.95	12.62	13.28	4.14	1.12	3.11	3.19	3.26	3.34	3.42	3.51
	6	11.816	9.276	2.12	46.72	22.04	11.18	1.99	1.70	1.78	1.86	1.94	2.02	2.11	0.99	14.58	14.72	4.86	1.11	3.13	3.21	3.29	3.37	3.45	3.53
	7	13.604	10.678	2.15	53.06	24.68	12.80	1.98	1.73	1.80	1.88	1.97	2.05	2.14	1.03	16.48	16.00	5.56	1.10	3.15	3.23	3.31	3.39	3.47	3.55
2∠70×45×	4	9.094	7.140	2.24	46.34	20.68	9.72	2.26	1.85	1.92	1.99	2.07	2.15	2.23	1.02	15.10	14.80	4.34	1.29	3.40	3.48	3.55	3.63	3.71	3.79
	5	11.218	8.806	2.28	55.90	24.52	11.84	2.23	1.87	1.94	2.02	2.10	2.18	2.26	1.06	18.26	17.22	5.30	1.28	3.41	3.49	3.56	3.64	3.72	3.80
	6	13.294	10.436	2.32	65.08	28.06	13.90	2.21	1.88	1.95	2.03	2.11	2.19	2.27	1.09	21.24	19.48	6.24	1.26	3.43	3.50	3.58	3.66	3.74	3.82
	7	15.314	12.022	2.36	74.44	31.54	16.06	2.20	1.90	1.98	2.05	2.13	2.22	2.30	1.13	24.02	21.26	7.14	1.25	3.45	3.53	3.61	3.69	3.77	3.85

续表

规格	截面面积 A (cm²)	每米重量 (kg/m)	y₀ (cm)	Iₓ (cm⁴)	Wxma (cm³)	Wxmin (cm³)	iₓ (cm)	iy (cm) 当a(mm)为 6	8	10	12	14	16	y₀ (cm)	Iₓ (cm⁴)	Wxma (cm³)	Wxmin (cm³)	iₓ (cm)	iy (cm) 当a(mm)为 6	8	10	12	14	16
2∠75×50× 5	12.250	9.616	2.40	69.72	29.06	13.66	2.39	2.06	2.13	2.21	2.28	2.36	2.44	1.17	25.22	21.56	6.60	1.44	3.61	3.68	3.76	3.84	3.91	3.99
6	14.520	11.398	2.44	82.24	33.70	16.24	2.38	2.07	2.15	2.22	2.30	2.38	2.46	1.21	29.40	24.30	7.76	1.42	3.63	3.71	3.78	3.86	3.94	4.02
8	18.934	14.862	2.52	104.78	41.58	21.04	2.35	2.12	2.19	2.27	2.35	2.43	2.52	1.29	37.06	28.72	9.98	1.40	3.67	3.75	3.83	3.91	3.99	4.07
10	23.180	18.196	2.60	125.42	48.24	25.58	2.33	2.16	2.24	2.32	2.40	2.48	2.56	1.36	43.92	32.30	12.08	1.38	3.72	3.80	3.88	3.96	4.04	4.12
2∠80×50× 5	12.750	10.010	2.60	83.92	32.28	15.56	2.56	2.02	2.09	2.17	2.25	2.32	2.40	1.14	25.64	22.50	6.64	1.42	3.87	3.94	4.02	4.10	4.18	4.26
6	15.120	11.870	2.65	98.98	37.36	18.50	2.56	2.04	2.12	2.19	2.27	2.35	2.43	1.18	29.90	25.34	7.82	1.41	3.91	3.98	4.06	4.14	4.22	4.30
7	17.448	13.696	2.69	112.32	41.76	21.16	2.54	2.05	2.13	2.20	2.28	2.36	2.44	1.21	33.92	28.04	8.96	1.39	3.92	4.00	4.08	4.16	4.24	4.32
8	19.734	15.490	2.73	125.66	46.02	23.84	2.52	2.08	2.15	2.23	2.31	2.39	2.47	1.25	37.70	30.16	10.06	1.38	3.94	4.02	4.10	4.18	4.26	4.34
2∠90×56× 5	14.424	11.322	2.91	120.90	41.54	19.84	2.90	2.22	2.29	2.36	2.44	2.52	2.59	1.25	36.66	29.32	8.42	1.59	4.33	4.40	4.48	4.55	4.63	4.71
6	17.114	13.434	2.95	142.06	48.16	23.48	2.88	2.24	2.31	2.39	2.46	2.54	2.62	1.29	42.84	33.20	9.92	1.58	4.34	4.42	4.49	4.57	4.65	4.73
7	19.760	15.512	3.00	162.02	54.00	26.98	2.86	2.26	2.34	2.41	2.49	2.57	2.65	1.33	48.72	36.64	11.40	1.57	4.37	4.44	4.52	4.60	4.68	4.76
8	22.366	17.558	3.04	182.06	59.88	30.54	2.85	2.28	2.35	2.43	2.51	2.58	2.66	1.36	54.30	39.92	12.82	1.56	4.39	4.47	4.54	4.62	4.70	4.78

续表

第一截面（长肢相连）

规格		A (cm²)	每米重量 (kg/m)	y_0 (cm)	I_x (cm⁴)	W_{xma} (cm³)	W_{xmin} (cm³)	i_x (cm)	i_y (cm) 当 a(mm)为					
									6	8	10	12	14	16
2∠100×63×	6	19.234	15.100	3.24	198.12	61.14	29.28	3.21	2.49	2.56	2.63	2.71	2.78	2.86
	7	22.222	17.444	3.28	226.90	69.18	33.76	3.20	2.51	2.58	2.66	2.73	2.81	2.88
	8	25.168	19.756	3.32	254.74	76.72	38.16	3.18	2.52	2.60	2.67	2.75	2.82	2.90
	10	30.934	24.284	3.40	307.62	90.48	46.64	3.15	2.56	2.64	2.71	2.79	2.87	2.95
2∠100×80×	6	21.274	16.700	2.95	214.08	72.56	30.38	3.17	3.30	3.37	3.44	3.52	3.59	3.67
	7	24.602	19.312	3.00	245.46	81.82	35.04	3.16	3.32	3.39	3.47	3.54	3.61	3.69
	8	27.888	21.892	3.04	275.84	90.74	39.62	3.14	3.34	3.41	3.48	3.56	3.63	3.71
	10	34.334	26.952	3.12	333.74	106.96	48.48	3.12	3.38	3.45	3.53	3.60	3.68	3.76
2∠110×70×	6	21.274	16.700	3.53	266.74	75.56	35.70	3.54	2.75	2.81	2.89	2.96	3.03	3.11
	7	24.602	19.312	3.57	306.00	85.72	41.20	3.53	2.77	2.84	2.91	2.98	3.06	3.13
	8	27.888	21.892	3.62	344.08	95.04	46.60	3.51	2.78	2.85	2.92	3.00	3.07	3.15
	10	34.334	26.952	3.70	416.78	112.64	57.08	3.48	2.81	2.89	2.96	3.04	3.11	3.19

第二截面（短肢相连）

规格		y_0 (cm)	I_x (cm⁴)	W_{xma} (cm³)	W_{xmin} (cm³)	i_x (cm)	i_y (cm) 当 a(mm)为					
							6	8	10	12	14	16
2∠100×63×	6	1.43	61.88	43.28	12.70	1.79	4.78	4.85	4.93	5.00	5.08	5.16
	7	1.47	70.52	47.98	14.58	1.78	4.80	4.88	4.95	5.03	5.11	5.19
	8	1.50	78.78	52.52	16.42	1.77	4.82	4.89	4.97	5.05	5.13	5.20
	10	1.58	94.24	59.64	19.96	1.74	4.86	4.94	5.01	5.09	5.17	5.25
2∠100×80×	6	1.97	122.48	62.18	20.32	2.40	4.54	4.61	4.69	4.76	4.83	4.91
	7	2.01	140.16	69.74	23.42	2.39	4.57	4.64	4.72	4.79	4.87	4.94
	8	2.05	157.16	76.66	26.42	2.37	4.58	4.66	4.73	4.81	4.88	4.96
	10	2.13	189.30	88.88	32.24	2.35	4.63	4.70	4.78	4.86	4.93	5.01
2∠110×70×	6	1.57	85.84	54.68	15.80	2.01	5.22	5.29	5.36	5.44	5.52	5.59
	7	1.61	98.02	60.88	18.18	2.00	5.24	5.31	5.39	5.46	5.54	5.62
	8	1.65	109.74	66.50	20.50	1.98	5.26	5.34	5.41	5.49	5.57	5.64
	10	1.72	131.76	76.60	24.96	1.96	5.30	5.38	5.45	5.53	5.61	5.69

续表

规格		截面面积 A (cm²)	每米重量 (kg/m)	y_0 (cm)	I_x (cm⁴)	W_{xmax} (cm³)	W_{xmin} (cm³)	i_x (cm)	i_y (cm) 当 a(mm) 为						y_0 (cm)	I_x (cm⁴)	W_{xmax} (cm³)	W_{xmin} (cm³)	i_x (cm)	i_y (cm) 当 a(mm) 为					
									6	8	10	12	14	16						6	8	10	12	14	16
2∠125×80×	7	28.192	22.132	4.01	455.96	113.70	53.72	4.02	3.11	3.18	3.25	3.32	3.40	3.47	1.80	148.84	82.68	24.02	2.30	5.89	5.97	6.04	6.12	6.19	6.27
	8	31.978	25.102	4.06	513.54	126.48	60.82	4.01	3.13	3.20	3.27	3.34	3.41	3.49	1.84	166.98	90.76	27.12	2.28	5.92	6.00	6.07	6.15	6.22	6.30
	10	39.424	30.948	4.14	624.08	150.74	74.66	3.98	3.17	3.24	3.31	3.38	3.46	3.54	1.92	201.34	104.86	33.12	2.26	5.96	6.04	6.11	6.19	6.27	6.34
	12	46.702	36.660	4.22	728.82	172.70	88.02	3.95	3.21	3.28	3.36	3.43	3.51	3.59	2.00	233.34	116.68	38.86	2.24	6.00	6.08	6.15	6.23	6.31	6.39
2∠140×90×	8	36.076	28.320	4.50	731.28	162.50	76.96	4.50	3.49	3.56	3.63	3.70	3.77	3.84	2.04	241.38	118.32	34.68	2.59	6.58	6.65	6.73	6.80	6.88	6.95
	10	44.522	34.950	4.58	891.00	194.54	94.62	4.47	3.52	3.59	3.66	3.74	3.81	3.88	2.12	292.06	137.76	42.44	2.56	6.62	6.69	6.77	6.84	6.92	6.99
	12	52.800	41.448	4.66	1043.18	223.86	111.74	4.44	3.56	3.63	3.70	3.77	3.85	3.92	2.19	339.58	155.06	49.90	2.54	6.66	6.73	6.81	6.88	6.96	7.04
	14	60.192	47.816	4.74	1188.20	250.68	128.36	4.42	3.59	3.66	3.74	3.81	3.89	3.97	2.27	384.20	169.26	57.08	2.51	6.70	6.78	6.86	6.93	7.01	7.09
2∠160×100×	10	50.630	39.744	5.24	1337.38	255.22	124.26	5.14	3.84	3.91	3.98	4.05	4.12	4.20	2.28	410.06	179.86	53.12	2.85	7.56	7.63	7.71	7.78	7.86	7.93
	12	60.108	47.184	5.32	1569.82	295.08	146.98	5.11	3.88	3.95	4.02	4.09	4.16	4.24	2.36	478.12	202.60	62.56	2.82	7.60	7.67	7.74	7.82	7.90	7.97
	14	69.418	54.494	5.40	1792.60	331.96	169.12	5.08	3.91	3.98	4.05	4.13	4.20	4.27	2.43	542.40	223.20	71.66	2.80	7.64	7.71	7.79	7.86	7.94	8.02
	16	78.562	61.670	5.48	2006.08	366.08	190.66	5.05	3.95	4.02	4.09	4.16	4.24	4.32	2.51	603.20	240.32	80.48	2.77	7.68	7.75	7.83	7.90	7.98	8.06

续表

配置一

规格	a	截面面积 A (cm²)	每米重量 (kg/m)	y_0 (cm)	I_x (cm⁴)	W_{xma} (cm³)	W_{xmin} (cm³)	i_x (cm)	i_y (cm) 当 a(mm)为 6	8	10	12	14	16
2∠180×110×	10	56.746	44.546	5.89	1912.50	324.70	157.92	5.80	4.16	4.23	4.29	4.36	4.43	4.50
	12	67.424	52.928	5.98	2249.44	376.16	187.06	5.78	4.19	4.26	4.33	4.40	4.47	4.54
	14	77.934	61.178	6.06	2573.82	424.72	215.52	5.75	4.22	4.29	4.36	4.43	4.51	4.58
	16	88.278	69.298	6.14	2886.12	470.06	243.28	5.72	4.26	4.33	4.41	4.48	4.55	4.63
2∠200×125×	12	75.824	59.522	6.54	3141.80	480.40	233.46	6.44	4.75	4.81	4.88	4.95	5.02	5.09
	14	87.734	68.872	6.62	3601.94	544.10	269.30	6.41	4.78	4.85	4.92	4.99	5.06	5.13
	16	99.478	78.090	6.70	4046.70	603.98	304.36	6.38	4.82	4.89	4.96	5.03	5.10	5.17
	18	111.052	87.176	6.78	4476.60	660.26	338.66	6.35	4.84	4.91	4.99	5.06	5.13	5.20

配置二

规格	a	y_0 (cm)	I_x (cm⁴)	W_{xma} (cm³)	W_{xmin} (cm³)	i_x (cm)	i_y (cm) 当 a(mm)为 6	8	10	12	14	16
2∠180×110×	10	2.44	556.22	227.96	64.98	3.13	8.48	8.56	8.63	8.70	8.78	8.85
	12	2.52	650.06	257.96	76.64	3.10	5.54	8.61	8.68	8.76	8.83	8.91
	14	2.59	739.10	285.36	87.94	3.08	8.57	8.65	8.72	8.80	8.87	8.95
	16	2.67	823.70	308.50	98.88	3.06	8.61	8.69	8.76	8.84	8.92	8.99
2∠200×125×	12	2.83	966.32	341.46	99.98	3.57	9.39	9.47	9.54	9.62	9.69	9.76
	14	2.91	1101.66	378.58	114.88	3.54	9.43	9.51	9.58	9.65	9.73	9.81
	16	2.99	1230.88	411.66	129.38	3.52	9.47	9.55	9.62	9.70	9.77	9.85
	18	3.06	1354.38	442.60	143.48	3.49	9.51	9.59	9.66	9.74	9.81	9.89

附表 4　热轧普通工字钢的规格及截面特性
（按 GB/T 706—2008 计算）

长度：通常为 5000～19000 m；
可根据需方要求供应其他长度的产品。

I—截面惯性矩；
W—截面模量；
S—半截面面积矩；

型号	尺寸 (mm)						截面面积 A (cm²)	重量 (kg/m)	x-x 轴				y-y 轴		
	h	b	t_w	t	r	r_1			I_x (cm⁴)	W_x (cm³)	S_x (cm³)	i_x (cm)	I_y (cm⁴)	W_y (cm³)	i_y (cm)
10	100	68	4.5	7.6	6.5	3.3	14.345	11.261	245	49.0	28.5	4.14	33.0	9.72	1.52
12.6	126	74	5.0	8.4	7.0	3.5	18.118	14.223	488	77.5	45.2	5.20	46.9	12.7	1.61
14	140	80	5.5	9.1	7.5	3.8	21.510	16.890	712	102	59.3	5.76	64.4	16.1	1.73
16	160	88	6.0	9.9	8.0	4.0	26.131	20.513	1130	141	81.9	6.58	93.1	21.2	1.89
18	180	94	6.5	10.7	8.5	4.3	30.756	24.113	1660	185	108	7.36	122	26.0	2.00
20 a	200	100	7.0	11.4	9.0	4.5	35.578	27.929	2370	237	138	8.15	158	31.5	2.12
20 b	200	102	9.0	11.4	9.0	4.5	39.578	31.069	2500	250	148	7.96	169	33.1	2.06
22 a	220	100	7.5	12.3	9.5	4.8	42.128	33.070	3400	309	180	8.99	225	40.9	2.31
22 b	220	112	9.5	12.3	9.5	4.8	46.528	36.524	3570	325	191	8.78	239	42.7	2.27
25 a	250	116	8.0	13.0	10.0	5.0	48.541	38.105	5020	402	232	10.2	280	48.3	2.40
25 b	250	118	10.0	13.0	10.0	5.0	53.541	42.030	5280	423	248	9.94	309	52.4	2.40

续表

型号		尺寸(mm)						截面面积A (cm²)	重量 (kg/m)	x-x 轴				y-y 轴		
		h	b	t_w	t	r	r_1			I_x (cm⁴)	W_x (cm³)	S_x (cm³)	i_x (cm)	I_y (cm⁴)	W_y (cm³)	i_y (cm)
28	a	280	122	8.5	13.7	10.5	5.3	55.404	43.492	7110	508	289	11.3	345	56.6	2.50
	b		124	10.5				61.004	47.888	7480	534	309	11.1	379	61.2	2.49
32	a	320	130	9.5	15.0	11.5	5.8	67.156	52.717	11100	692	404	12.8	460	70.8	2.62
	b		132	11.5				73.556	57.741	11600	726	428	12.6	502	76.0	2.61
	c		134	13.5				79.956	62.765	12200	760	455	12.3	544	81.2	2.61
36	a	360	136	10.0	15.8	12.0	6.0	76.480	60.037	15800	875	515	14.4	552	81.2	2.69
	b		138	12.0				83.680	65.689	16500	919	545	14.1	582	84.3	2.64
	c		140	14.0				90.880	71.341	17300	962	579	13.8	612	87.4	2.60
40	a	400	142	10.5	16.5	12.5	6.3	86.112	67.598	21700	1090	636	15.9	660	93.2	2.77
	b		144	12.5				94.112	73.878	22800	1140	679	15.6	692	96.2	2.71
	c		146	14.5				102.112	80.158	23900	1190	720	15.2	727	99.6	2.65
45	a	450	150	11.5	18.0	13.5	6.8	102.446	80.420	32200	1430	834	17.7	855	114	2.89
	b		152	13.5				111.446	87.485	33800	1500	889	17.4	894	118	2.84
	c		154	15.5				120.446	94.550	35300	1570	939	17.1	938	122	2.79
50	a	500	158	12.0	20.0	14.0	7.0	119.304	93.654	46500	1860	1086	19.7	1120	142	3.07
	b		160	14.0				129.304	101.504	48600	1940	1146	19.4	1170	146	3.01
	c		162	16.0				139.304	109.354	50600	2020①	1211	19.0	1220	151	2.96

续表

型号		尺寸(mm)					截面面积 A (cm²)	重量 (kg/m)	x-x 轴				y-y 轴		
	h	b	t_w	t	r	r_1			I_x (cm⁴)	W_x (cm³)	S_x (cm³)	i_x (cm)	I_y (cm⁴)	W_y (cm³)	i_y (cm)
56 a	560	166	12.5	21.0	14.5	7.3	135.435	106.316	65600	2340	1375	22.0	1370	165	3.18
b		168	14.5				146.635	115.108	68500	2450	1451	21.6	1490	174	3.16
c		170	16.5				157.835	123.900	71400	2550	1529	21.3	1560	183	3.16
63 a	630	176	13.0	22.0	15.0	7.5	154.658	121.407	93900	2980	1732	24.6	1700	193	3.31
b		178	15.0				167.258	131.298	98100	3110②	1834	24.2	1810	204	3.29
c		180	17.0				179.858	141.189	102000	3240③	1928	23.8	1920	214	3.27

注：①②③疑 GB/T 706—2008 中所给数值有误，本书表中这几个 W_x 值分别是按 GB/T 706—2008 中所给相应的 I_x 和 h 计算求得（$W_x = 2I_x/h$），供参考。

附表 5　热轧普通槽钢的规格及截面特性

I—截面惯性矩；　　　　长度：通常为 5000～19000m；
W—截面模量；　　　　可根据需求方要求应供应其他长度的产品。
S—半截面面积矩；

| 型号 | 尺寸 (mm) | | | | | | 截面面积 A (cm²) | 重量 (kg/m) | x-x 轴 | | | | y-y 轴 | | | | y_1-y_1 | 重心矩 |
	h	b	t_w	t	r	r_1			I_x (cm⁴)	W_x (cm³)	S_x (cm³)	i_x (cm)	I_y (cm⁴)	W_{ymin} (cm³)	W_{ymax} (cm³)	i_y (cm)	I_{y1} (cm⁴)	x_0 (cm)
5	50	37	4.5	7.0	7.0	3.5	6.928	5.438	26.0	10.4	6.4	1.94	8.3	3.55	6.15	1.10	20.9	1.35
6.3	63	40	4.8	7.5	7.5	3.8	8.451	6.634	50.8	16.1	9.8	2.45	11.9	4.50	8.75	1.19	28.4	1.36
8	80	43	5.0	8.0	8.0	4.0	10.248	8.045	101	25.3	15.1	3.15	16.6	5.79	11.6	1.27	37.4	1.43
10	100	48	5.3	8.5	8.5	4.2	12.748	10.007	1.98	39.7	23.5	3.95	25.6	7.80	16.8	1.41	54.9	1.52
12.6	126	53	5.5	9.0	9.0	4.5	15.692	12.318	391	62.1	36.4	4.95	38.0	10.2	23.9	1.57	77.1	1.59
14 a	140	58	6.0	9.5	9.5	4.8	18.516	14.535	564	80.5	47.5	5.52	53.2	13.0	31.1	1.70	107	1.71
14 b		60	8.0	9.5	9.5	4.8	23.316	16.733	609	87.1	52.4	5.35	61.1	14.1	36.6	1.69	121	1.67
16 a	160	63	6.5	10.0	10.0	5.0	21.962	17.240	866	108	63.9	6.28	73.3	16.3	40.7	1.83	144	1.80
16 b		65	8.5	10.0	10.0	5.0	25.162	19.752	935	117	70.3	6.10	83.4	17.6	47.7	1.82	161	1.75
18 a	180	68	7.0	10.5	10.5	5.2	25.699	20.174	1270	141	83.5	7.04	98.6	20.0	52.4	1.96	190	1.88
18 b		70	9.0	10.5	10.5	5.2	29.299	23.000	1370	152	91.6	6.84	111	21.5	60.3	1.95	210	1.84

续表

型号		h	b	t_w	t	r	r_1	截面面积 A (cm²)	重量 (kg/m)	I_x (cm⁴)	W_x (cm³)	$S_x^{①}$ (cm³)	i_x (cm)	I_y (cm⁴)	W_{ymin} (cm³)	W_{ymax} (cm³)	i_y (cm)	I_{y1} (cm⁴)	x_0 (cm)
				尺寸(mm)						x-x 轴				y-y 轴				y_1-y_1	重心矩
20	a	200	73	7.0	11.0	11.0	5.5	28.837	22.637	1780	178	104.7	7.86	128	24.2	63.7	2.11	244	2.01
	b		75	9.0	11.0	11.0	5.5	32.837	25.777	1910	191	114.7	7.64	144	25.9	73.8	2.09	268	1.95
22	a	220	77	7.0	11.5	11.5	5.8	31.846	24.999	2390	218	127.6	8.67	158	28.2	75.2	2.23	298	2.10
	b		79	9.0	11.5	11.5	5.8	36.246	28.453	2570	234	139.7	8.42	176	30.1	86.7	2.21	326	2.03
25	a	250	78	7.0	12.0	12.0	6.0	34.917	27.410	3370	270	157.8	9.82	176	30.6	85.0	2.24	322	2.07
	b		80	9.0	12.0	12.0	6.0	39.917	31.335	3530	282	173.5	9.41	196	32.7	99.0	2.22	353	1.98
	c		82	11.5	12.0	12.0	6.0	44.917	35.260	3690	295	189.1	9.07	218	34.7①	113	2.21	384	1.92
28	a	280	82	7.5	12.5	12.5	6.2	40.034	31.427	4760	340	200.2	10.9	218	35.7	104	2.33	388	2.10
	b		84	9.5	12.5	12.5	6.2	45.634	35.823	5130	366	219.8	10.6	242	37.9	120	2.30	428	2.02
	c		86	11.5	12.5	12.5	6.2	51.234	40.219	5500	393	239.4	10.4	268	40.3	137	2.29	463	1.95
32	a	320	88	8.0	14.0	14.0	7.0	48.513	38.083	7600	475	276.9	12.5	305	46.5	136	2.50	552	2.24
	b		90	10.0	14.0	14.0	7.0	54.913	43.107	8140	509	302.5	12.2	336	49.2	156	2.47	593	2.16
	c		92	12.0	14.0	14.0	7.0	61.313	48.131	8690	543	328.1	11.9	374	52.6	179	2.47	643	2.09
36	a	360	96	9.0	16.0	16.0	8.0	60.910	47.814	11900	660	389.9	14.0	455	63.5	186	2.73	818	2.44
	b		98	11.0	16.0	16.0	8.0	68.110	53.466	12700	703	422.3	13.6	497	66.9	210	2.70	880	2.37
	c		100	13.0	16.0	16.0	8.0	75.310	59.118	13400	746	454.7	13.4	536	70.0	229	2.67	948	2.34
40	a	400	100	10.5	18.0	18.0	9.0	75.068	58.928	17600	879	524.4	15.3	592	78.8	238	2.81	1070	2.49
	b		102	12.5	18.0	18.0	9.0	83.068	65.208	18600	932	564.4	15.0	640	82.5	262	2.78	1140	2.44
	c		104	14.5	18.0	18.0	9.0	91.068	71.488	19700	986	604.4	14.7	688	86.2	284	2.75	1220	2.42

注:①GB/T 706—2008 中 S_x 值没有提供,表中所列 S_x 值系取自原国标 GB 707—65,供计算截面最大剪应力时参考采用。

②疑 GB/T 706—2008 中所给数值有误,本书表中该 W_{ymin} 值是按 GB/T 706—2008 中所给相应的 I_y、b 和 x_0 计算求得 $\left(W_{ymin} = \dfrac{I_y}{b-x_0}\right)$,供参考。

附表 6 宽、中、窄翼缘 H 型钢截面尺寸和截面特性（摘自 GB/T 11263—2017）

类别	型号（高度×宽度）	截面尺寸（mm）				截面面积（cm²）	理论重量（kg/m）	截面特性					
		$H \times B$	t_1	t_2	r			惯性矩（cm⁴）		回转半径（cm）		截面模量（cm³）	
								I_x	I_y	i_x	i_y	W_x	W_y
HW	100×100	100×100	6	8	8	21.58	16.9	378	134	4.18	2.48	75.6	26.7
	125×125	125×125	6.5	9	8	30.00	23.6	839	293	5.28	3.12	134	46.9
	150×150	150×150	7	10	8	39.64	31.1	1620	563	6.39	3.76	216	75.1
	175×175	175×175	7.5	11	13	51.42	40.4	2900	984	7.50	4.37	331	112
	200×200	200×200	8	12	13	63.53	49.9	4720	1600	8.61	5.02	472	160
		*200×204	12	12	13	71.53	56.2	4980	1700	8.34	4.87	498	167
	250×250	250×250	9	14	13	91.43	71.8	10700	3650	10.8	6.31	860	292
		*250×255	14	14	13	103.9	81.6	11400	3880	10.5	6.10	912	304
	300×300	*294×302	12	12	13	106.3	83.5	16600	5510	12.5	7.20	1130	365
		300×300	10	15	13	118.5	93.0	20200	6750	13.1	7.55	1350	450
		*300×305	15	15	13	133.5	105	21300	7100	12.6	7.29	1420	466
	350×350	*344×348	10	16	13	144.0	113	32800	11200	15.1	8.83	1910	646
		350×350	12	19	13	171.9	135	39800	13600	15.2	8.88	2280	776

续表

类别	型号 (高度× 宽度)	截面尺寸（mm）				截面 面积 （cm²）	理论 重量 （kg/m）	截面特性					
								惯性矩（cm⁴）		回转半径（cm）		截面模量（cm³）	
		$H \times B$	t_1	t_2	r			I_x	I_y	i_x	i_y	W_x	W_y
HW	400×400	*388×402	15	15	22	178.5	140	49000	16300	16.6	9.52	2520	809
		*394×398	11	18	22	186.8	147	56100	18900	17.3	10.1	2850	951
		400×400	13	21	22	218.7	172	66600	22400	17.5	10.1	3330	1120
		*400×408	21	21	22	250.7	197	70900	23800	16.8	9.74	3540	1170
		*414×405	18	28	22	295.4	232	92800	31000	17.7	10.2	4480	1530
		*428×407	20	35	22	360.7	283	119000	39400	18.2	10.4	5570	1930
		*458×417	30	50	22	528.6	415	187000	60500	18.8	10.7	8170	2900
		*498×432	45	70	22	770.1	604	298000	94400	19.7	11.1	12000	4370
HM	150×100	148×100	6	9	8	26.34	20.7	1000	150	6.16	2.38	135	30.1
	200×150	194×150	6	9	8	38.10	29.9	2630	507	8.30	3.64	271	67.6
	250×175	244×175	7	11	13	55.49	43.6	6040	984	10.4	4.21	495	112
	300×200	294×200	8	12	13	71.05	55.8	11100	1600	12.5	4.74	756	160
	350×250	340×250	9	14	13	99.53	78.1	21200	3650	14.6	6.05	1250	292
	400×300	390×300	10	16	13	133.3	105	37900	7200	16.9	7.35	1940	480
	450×300	440×300	11	18	13	153.9	121	54700	8110	18.9	7.25	2490	540
	500×300	482×300	11	15	13	141.2	111	58300	6760	20.3	6.91	2420	450
		488×300	11	18	13	159.2	125	68900	8110	20.8	7.13	2820	540
	600×300	582×300	12	17	13	169.2	133	98900	7660	24.2	6.72	3400	511
		588×300	12	20	13	187.2	147	114000	9010	24.7	6.93	3890	601
		*594×302	14	23	13	217.1	170	134000	10600	24.8	6.97	4500	700

续表

类别	型号 (高度×宽度)	截面尺寸 (mm)				截面面积 (cm²)	理论重量 (kg/m)	截面特性					
		H×B	t_1	t_2	r			惯性矩 (cm⁴)		回转半径 (cm)		截面模量 (cm³)	
								I_x	I_y	i_x	i_y	W_x	W_y
HN	*100×50	100×50	5	7	8	11.84	9.30	187	14.8	3.97	1.11	37.5	5.91
	*125×60	125×60	6	8	8	16.68	13.1	409	29.1	4.95	1.32	65.4	9.71
	150×75	150×75	5	7	8	17.84	14.0	666	49.5	6.10	1.65	88.8	13.2
	175×90	175×90	5	8	8	22.89	18.0	1210	97.5	7.25	2.06	138	21.7
	200×100	*198×99	4.5	7	8	22.68	17.8	1540	113	8.24	2.23	156	22.9
		200×100	5.5	8	8	26.66	20.9	1810	134	8.22	2.23	181	26.7
	250×125	*248×124	5	8	8	31.98	25.1	3450	255	10.4	2.82	278	41.1
		250×125	6	9	8	36.96	29.0	3960	294	10.4	2.81	317	47.0
	300×150	*298×149	5.5	8	13	40.80	32.0	6320	442	12.4	3.29	424	59.3
		300×150	6.5	9	13	46.78	36.7	7210	508	12.4	3.29	481	67.7
	350×175	*346×174	6	9	13	52.45	41.2	11000	791	14.5	3.88	638	91.0
		350×175	7	11	13	62.91	49.4	13500	984	14.6	3.95	771	112
	400×150	400×150	8	13	13	70.73	55.2	18600	734	16.3	3.22	942	97.8
	400×200	*396×199	7	11	13	71.41	56.1	19800	1450	16.6	4.50	999	145
		400×200	8	13	13	83.37	65.4	23500	1740	16.8	4.56	1170	174
	450×150	450×151	8	14	13	77.49	60.8	25700	806	18.2	3.22	1140	107
	450×200	*446×199	8	12	13	82.97	65.1	28100	1580	18.4	4.36	1260	159
		450×200	9	14	13	95.43	74.9	32900	1870	18.6	4.42	1460	187

续表

类别	型号(高度×宽度)	截面尺寸(mm)				截面面积(cm²)	理论重量(kg/m)	截面特性					
								惯性矩(cm⁴)		回转半径(cm)		截面模量(cm³)	
		$H×B$	t_1	t_2	r			I_x	I_y	i_x	I_y	W_x	W_y
HN	*500×150	*500×152	10	16	13	92.21	72.4	37000	940	20.0	3.19	1480	124
	500×200	*496×199	9	14	13	99.29	77.9	40800	1840	20.3	4.30	1650	185
		500×200	10	16	13	112.3	88.1	46800	2140	20.4	4.36	1870	214
		*506×201	11	19	13	129.3	102	55500	2580	20.7	4.46	2190	257
	600×200	*596×199	10	15	13	117.8	92.4	66600	1980	23.8	4.09	2240	199
		600×200	11	17	13	131.7	103	75600	2270	24.0	4.15	2520	227
		*606×201	12	20	13	149.8	118	88300	2720	24.3	4.25	2910	270
	700×300	*692×300	13	20	18	207.5	163	168000	9020	28.5	6.59	4870	601
		700×300	13	24	18	231.5	182	197000	10800	29.2	6.83	5640	721
	*800×300	729×300	14	22	18	239.5	188	248000	9920	32.2	6.43	6270	661
		800×300	14	26	18	263.5	207	286000	11700	33.0	6.66	7160	781
	*900×300	890×299	15	23	18	266.9	210	339000	10300	35.6	6.20	7610	687
		900×300	16	28	18	305.8	240	404000	12600	36.4	6.42	8990	842
		912×302	18	34	18	360.1	283	491000	15700	36.9	6.59	10800	1040

注:①"*"表示的规格为市场非常用规格。
②同一型号的产品,其内侧尺寸高度是一致的。
③标记采用:高度H×宽度B×腹板厚度t_1×翼缘厚度t_2。
④HW为宽翼缘,HM为中翼缘,HN为窄翼缘。

附表 7 割分 T 型钢截面尺寸和截面特性
（摘自 GB/T 11263—2017）

类别	型号× （高度× 宽度）	截面尺寸（mm）						截面 面积 (cm²)	理论 重量 (kg/m)	截面特性								对应 H 型钢
		h	B	t₁	t₂	r				惯性矩(cm⁴)		回转半径(cm)		截面模量(cm³)			重心 (cm)	系列
										I_x	I_y	i_x	i_y	W_x	W_y		C_x	型号
TW	50×100	50	100	6	8	8	10.79	8.47	16.1	66.8	1.22	2.48	4.02	13.4		1.00	100×100
	62.5×125	62.5	125	6.5	9	8	15.00	11.8	35.0	147	1.52	3.12	6.91	23.5		1.19	125×125
	75×150	75	150	7	10	8	19.82	15.6	66.4	282	1.82	3.76	10.8	37.5		1.37	150×150
	87.5×175	87.5	175	7.5	11	13	25.71	20.2	115	492	2.11	4.37	15.9	56.2		1.55	175×175
	100×200	100	200	8	12	13	31.76	24.9	184	801	2.40	5.02	22.3	80.1		1.73	200×200
		*100	204	12	12	13	35.76	28.1	256	851	2.67	4.87	32.4	83.4		2.09	
	125×250	125	250	9	14	13	45.71	35.9	412	1820	3.00	6.31	39.5	146		2.08	250×250
		*125	255	14	14	13	51.96	40.8	589	1940	3.35	6.10	59.4	152		2.58	
	150×300	*147	302	12	12	13	53.16	41.7	857	2760	4.01	7.20	72.3	183		2.85	300×300
		150	300	10	15	13	59.22	46.5	798	3380	3.67	7.55	63.7	225		2.47	
		*150	305	15	15	13	66.72	52.4	1110	3550	4.07	7.29	92.5	233		3.04	
	175×350	*172	348	10	16	13	72.00	56.5	1230	5620	4.13	8.83	84.7	323		2.67	350×350
		175	350	12	19	13	85.94	67.5	1520	6790	4.20	8.88	104	388		2.87	

续表

类别	型号(高度×宽度)	截面尺寸(mm)					截面面积(cm²)	理论重量(kg/m)	惯性矩(cm⁴)		回转半径(cm)		截面模量(cm³)		重心(cm)	对应H型钢系列型号
		h	B	t_1	t_2	r			I_x	I_y	i_x	i_y	W_x	W_y	C_x	型号
TW	200×400	*194	402	15	15	22	89.22	70.0	2480	8130	5.27	9.54	158	404	3.70	400×400
		*197	398	11	18	22	93.40	73.3	2050	9460	4.67	10.1	123	475	3.01	
		200	400	13	21	22	109.3	85.8	2480	11200	4.75	10.1	147	560	3.21	
		*200	408	21	21	22	125.3	98.4	3650	11900	5.39	9.74	229	584	4.07	
		*207	405	18	28	22	147.7	116	3620	15500	4.95	10.2	213	766	3.68	
		*214	407	20	35	22	180.3	142	4380	19700	4.92	10.4	250	967	3.90	
TM	75×100	74	100	6	9	8	13.17	10.3	51.7	75.2	1.98	2.38	8.84	15.0	1.56	150×100
	100×150	97	150	6	9	8	19.05	15.0	124	253	2.55	3.64	15.8	33.8	1.80	200×150
	125×175	122	175	7	11	13	27.74	21.8	288	492	3.22	4.21	29.1	56.2	2.28	250×175
	150×200	147	200	8	12	13	35.52	27.9	571	801	4.00	4.74	48.2	80.1	2.85	300×200
	175×250	170	250	9	14	13	49.76	39.1	1020	1820	4.51	6.05	73.2	146	3.11	350×250
	200×300	195	300	10	16	13	66.52	52.3	1730	3600	5.09	7.35	108	240	3.43	400×300
	225×300	220	300	11	18	13	76.94	60.4	2680	4050	5.89	7.25	150	270	4.09	450×300
	250×300	241	300	11	15	13	70.58	55.4	3400	3380	6.93	6.91	178	225	5.00	500×300
		244	300	11	18	13	79.58	62.5	3610	4050	6.73	7.13	184	270	4.72	
	300×300	291	300	12	17	13	84.60	66.4	6320	3830	8.64	6.72	280	255	6.51	600×300
		294	300	12	20	13	93.60	73.5	6680	4500	8.44	6.93	288	300	6.17	
		*297	302	14	23	13	108.5	85.2	7890	5290	8.52	6.97	339	350	6.41	

续表

类别	型号 (高度×宽度)	截面尺寸(mm)					截面面积 (cm²)	理论重量 (kg/m)	惯性矩(cm⁴)		回转半径(cm)		截面模量(cm³)		重心(cm)	对应H型钢系列
		h	B	t_1	t_2	r			I_x	I_y	i_x	i_y	W_x	W_y	C_x	型号
	*50×50	50	50	5	7	8	5.920	4.65	11.8	7.39	1.41	1.11	3.18	2.95	1.28	100×50
	*62.5×60	62.5	60	6	8	8	8.340	6.55	27.5	14.6	1.81	1.32	5.96	4.85	1.64	125×60
	75×75	75	75	5	7	8	8.920	7.00	42.6	24.7	2.18	1.66	7.46	6.59	1.79	150×75
	87.5×90	87.5	90	5	8	8	11.44	8.93	70.6	48.7	2.48	2.06	10.4	10.8	1.93	175×90
	100×100	*99	99	4.5	7	8	11.34	8.90	93.5	56.7	2.87	2.23	12.1	11.5	2.17	200×100
	100×100	100	100	5.5	8	8	13.33	10.5	114	66.9	2.92	2.23	14.8	13.4	2.31	
	125×125	*124	124	5	8	8	15.99	12.6	207	127	3.59	2.82	21.3	20.5	2.66	250×125
TN	125×125	125	125	6	9	8	18.48	14.5	248	147	3.66	2.81	25.6	23.5	2.81	
	150×150	*149	149	5.5	8	13	20.40	16.0	393	221	4.39	3.29	33.8	29.7	3.26	300×150
	150×150	150	150	6.5	9	13	23.39	18.4	464	254	4.45	3.29	40.0	33.8	3.41	
	175×175	*173	174	6	9	13	26.22	20.6	679	396	5.08	3.88	50.0	45.5	3.72	350×175
	175×175	175	175	7	11	13	31.45	24.7	814	492	5.08	3.95	59.3	56.2	3.76	
	200×200	*198	199	7	11	13	35.70	28.0	1190	723	5.77	4.50	76.4	72.7	4.20	400×200
	200×200	200	200	8	12	13	41.68	32.7	1390	868	5.78	4.56	88.6	86.8	4.26	
	225×200	*223	199	8	14	13	41.48	32.6	1870	789	6.71	4.36	109	79.3	5.15	450×200
	225×200	225	200	9	14	13	47.71	37.5	2150	935	6.71	4.42	124	93.5	5.19	
	250×200	*248	199	9	14	13	49.64	39.0	2820	921	7.54	4.36	150	92.6	5.97	500×200
	250×200	250	200	10	16	13	56.12	44.1	3200	1070	7.54	4.36	169	107	6.03	
	250×200	*253	201	11	19	13	64.65	50.8	3660	1290	7.52	4.46	189	128	6.00	

续表

类别	型号 (高度× 宽度)	截面尺寸 (mm)					截面 面积 (cm²)	理论 重量 (kg/m)	截面特性							对应 H 型钢 系列
									惯性矩 (cm⁴)		回转半径 (cm)		截面模量 (cm³)		重心 (cm)		型号
		h	B	t_1	t_2	r			I_x	I_y	i_x	i_y	W_x	W_y	C_x	
TN	300×200	*298	199	10	15	13	58.87	46.2	5150	988	9.35	4.09	235	99.3	7.92	600×200
		300	200	11	17	13	65.85	51.7	5770	1140	9.35	4.15	262	114	7.95	
		*303	201	12	20	13	74.88	58.8	6530	1360	9.33	4.25	291	135	7.88	

注:1. "*"表示的规格为市场非常用规格。
　　2. 剖分 T 型钢的规格标记采用:高度 h×宽度 B×腹板厚度 t_1×翼缘厚度 t_2。